组网技术实验实训教程

主　编　段国云　黄　文
副主编　邓小霞　朱凌志　景永霞　陈青青

U0277570

ZHEJIANG UNIVERSITY PRESS
浙江大学出版社

图书在版编目(CIP)数据

组网技术实验实训教程 / 段国云,黄文主编.—杭州：
浙江大学出版社，2014.6(2021.2重印)

ISBN 978-7-308-13171-1

Ⅰ.①组… Ⅱ.①段… ②黄… Ⅲ.①计算机网络—高
等学校—教材 Ⅳ.①TP393

中国版本图书馆 CIP 数据核字（2014）第 094503 号

组网技术实验实训教程

主　编　段国云　黄　文
副主编　邓小霞　朱凌志　景永霞　陈青青

责任编辑　王元新

出版发行　浙江大学出版社
　　　　　　（杭州市天目山路 148 号　邮政编码 310007）
　　　　　　（网址：http://www.zjupress.com）

排　　版　杭州林智广告有限公司

印　　刷　广东虎彩云印刷有限公司绍兴分公司

开　　本　787mm×1092mm　1/16

印　　张　14.75

字　　数　341 千

版 印 次　2014 年 6 月第 1 版　2021 年 2 月第 2 次印刷

书　　号　ISBN 978-7-308-13171-1

定　　价　33.00 元

目 录

第 1 篇　基础实验

第 2 篇　扩展实验

第 3 篇　进阶实验

第 4 篇　组网项目实训

第1篇 基础实验

■ **本篇概述**

本篇共 12 个实验,其中基础知识练习实验 3 个,验证性实验 7 个,综合应用实验 2 个。主要介绍交换机和路由器的基本原理,并对它进行了验证。通过本篇的学习,学生可以掌握构建网络所需的基本技能。

■ **实验内容**

- ✓ 交换机、路由器的简介、构成、升级及工作原理
- ✓ 虚拟局域网的作用和多个 VLAN 之间的通信
- ✓ 静态、动态和默认路由之间的区别、联系及应用
- ✓ 访问控制列表的原理及应用
- ✓ NAT 的分类、原理及应用
- ✓ 掌握中型局域网的设计要点、规划及实施方法

实验 1

交换机简介及配置

1.1 实验目的

➢ 熟悉交换机的结构,了解交换机的工作原理。
➢ 理解交换机的管理方式。
➢ 掌握交换机的基本配置及配置方式,能独立完成思科、锐捷等网络设备的基本配置。

1.2 实验内容[①]

以 Cisco 2950(或 RG2126G)为例,通过超级终端、Telnet 等方式对交换机进行管理,配置交换机的 IP 地址,设置管理密码和交换机名称等基本信息,掌握交换机各种模式之间的灵活切换。

1.3 实验原理

1.3.1 交换机简介

交换机工作在 OSI 参考模型的第二层,即数据链路层,主要功能包括快速转发、接入、错误校验、帧序列以及流控。随着网络技术的发展,目前使用的交换机还具有 VLAN 支

---

① 注:在实验中的命令有 Cisco(思科)和 RG(锐捷)两种命令版本。

持、链路汇聚、端口镜像、远程管理等新功能。

从外观看，交换机与集线器类似，具有多个端口，每个端口可连接一台计算机或其他网络设备。它们的区别在于工作方式不同：集线器是共享传输介质，同时有多个端口，传输数据时会发生冲突；而交换机内部采用背板总线交换结构，为每个端口提供独立的共享介质，每个端口就是一个冲突域。

以太网交换机在数据链路层进行数据转发时，读取数据帧中的 MAC(media access control)地址信息，根据帧中的 MAC 地址进行数据转发，其结构如图 1-1 所示。任何交换机出厂时，它的 MAC 表为空，加电后的工作步骤如下：

(1) 在数据交换进行过程中，交换机从某个端口收到一个数据帧并读取帧头中的源 MAC 地址，记录源 MAC 地址与端口的对应关系，并写入 MAC 地址表中。

(2) 交换机分析收到数据帧帧头中的目的 MAC，在地址表中查找相应的端口。如果表中有与此 MAC 地址对应的端口，则把数据包复制到该端口上；如果表中找不到相应的端口，则把数据包广播到所有的端口上。当目的机器对源机器回应时，把回应的数据帧的源 MAC 地址与相应端口的对应关系记录在 MAC 表中，以便下次查询。

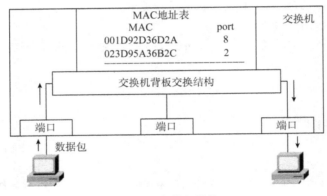

图 1-1　交换机结构

1.3.2　常用交换技术

(1) 端口交换。端口交换技术最早出现于插槽式集线器中。这类集线器的背板通常划分有多个以太网网段(每个网段为一个广播域)，各网段间互不相通，需通过网桥或路由器相连。以太网模块插入后通常被分配到某个背板网段上，端口交换适用于将以太模块的端口在背板的多个网段之间进行分配。这样网络管理人员就可以根据网络的负载情况，将用户在不同网段之间进行分配。这种交换技术在 OSI 第一层(物理层)上完成，它并没有改变共享传输介质的特点。

(2) 帧交换。帧交换是目前应用最广泛的局域网交换技术之一，它通过对传统传输媒介进行微分段，提供并行传送的机制，减少网络的碰撞冲突域，从而获得较高的带宽。不同厂商的产品实现帧交换技术均有差异，但对网络帧的处理方式一般有存储转发式和直通式两种。

➤ 存储转发式(store-and-forward)。当一个数据包以存储转发的方式进入交换机时,交换机将读取足够的信息,其不仅能决定哪个端口将被用来发送该数据包,而且还能决定是否发送该数据包。这样就能有效地排除那些有缺陷的网络段,只对被读取帧进行校验和控制。

➤ 直通式(cut-through)。当一个数据包以直通模式进入交换机时,它的地址将被读取,接着不管该数据包是否为错误的格式,它都将被发送。

(3)信元交换。信元交换的基本思想是采用固定长度(53 字节)的信元进行交换,便于用硬件实现交换,从而大大提高交换速度,尤其适合语音、视频等多媒体信号的有效传输。目前,信元交换的实际应用标准是 ATM(异步传输模式),但是 ATM 设备的造价较为昂贵,在局域网中的应用已经逐步被以太网的帧交换技术所取代。ATM 的带宽可达到 25 MB、155 MB、622 MB 甚至几 GB 的传输能力。

1.3.3　管理方法

交换机的管理方法主要针对可网管交换机。可网管交换机的管理方法有带外管理(out-of-band)和带内管理(in-band)两种。

(1)带外管理。通过不同的物理通道传送管理控制信息和数据信息,两者完全独立,互不影响。如串行(console)口,就是用一条 9 芯串口线缆把 PC 机与交换机的串行口连接起来。采用这种方式,数据只在交换机和管理计算机之间传递,安全性高。

(2)带内管理。控制信息与数据信息使用统一物理通道进行传送,可通过 HTTP、Telnet、SNMP 等网管软件及协议进行远程控制。其最大的缺陷是:当网络出现故障中断时,数据传输和管理都无法正常进行。

1.3.4　交换机分类

交换机是个庞大的家族,涵盖从几十元的家用桌面型交换机到几百万元的骨干网交换机。不同类的交换机结构、性能、价格、配置都不相同。交换机的分类标准多种多样,常见的有以下几种:

(1)从端口结构上进行分类。可分为固定端口交换机、模块化端口交换机和线路卡结构交换机。一般低端的交换机为了节约成本和使用方便都将端口固化在交换机上;模块化端口交换机的端口能够进行替换、升级;在较高级别的交换机上一般采用线路卡结构,这种结构的交换机具有性能高、可扩展性强的特点。

(2)从管理功能上进行分类。可分为可网管交换机和非网管交换机。低端的交换机成本较低,使用简单,不具备管理功能,只需要接通电源、连接网线即可工作。这种交换机在家庭局域网和小型办公环境中使用较多。可网管交换机的样式和性能也有很大差别,低端的可网管交换机只能简单地查看状态,而高端的可网管交换机命令结构非常复杂。具有管理功能的交换机能像路由器一样通过控制台和远程登录等方式连接,从而对交换机进行配置,同时也支持 SNMP 等网络管理协议。

（3）从是否具备 VLAN 功能进行分类。可分为不支持 VLAN 功能交换机和支持 VLAN 功能交换机。一般功能简单的低端交换机不支持 VLAN 功能，无法在交换机上划分 VLAN；中高端交换机均支持 VLAN 功能，可以根据实际网络需求划分 VLAN，有些还具有 VLAN 间路由功能，即三层交换技术。

（4）从设备工作层次上分类。可分为二层交换机、三层交换机和多层交换机。传统的二层交换机工作在 OSI 参考模型的第二层（数据链路层）上，它基于 MAC 地址转发数据帧；其结构简单、功能有限、价格便宜。三层交换机是在二层交换机的基础上整合了三层路由功能的交换机设备。它不但能基于 MAC 地址转发数据帧，还能根据数据包中的 IP 地址为数据包提供路由服务，能够将二层交换网络分割为多个广播域，从而为交换网络提供更强的扩展性和更好的性能。在结构更复杂的网络需求中，我们会使用多层交换机。它不但能提供三层交换机所能提供的所有功能，而且还能控制更高层的信息数据流，比如提取 TCP 数据包中的目的端口号，在多层交换机中对传输层以上的各层信息进行更加安全的过滤。

交换机除了上述分类方式外还有其他的分类方法，如从性能上可以分为高、中、低端不同类型的产品；从网络覆盖范围可分为广域网交换机、局域网交换机。

1.4　实验环境与设备

➢　Cisco 2950 或 RG2126G 1 台、已安装超级终端的 PC 1 台。
➢　Console 电缆 1 条、双绞线 1 条。
➢　每组 1 位同学，操作 PC 进行设备配置。

1.5　实验组网（见图 1-2）

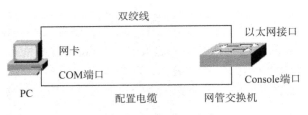

图 1-2　交换机管理方式

1.6　实验步骤

1.6.1　通过 Console 口配置

第一次使用交换机时,必须通过 Console 口连接对交换机进行配置。操作步骤如下：

步骤一：如图 1-2 所示,建立本地配置环境,将 PC 机(或终端)的串口通过配置电缆与以太网交换机的 Console 口相连接；再将 PC 机(或终端)的 RJ45 网络接口与交换机的任意一个 RJ45 端口相连。

步骤二：在 PC 机中运行超级终端程序,程序路径为：开始→程序→附件→通信→超级终端；设置终端通信参数波特率(每秒位数)为 9600 bps,数据位为 8,奇偶校验为无,停止位为 1,数据流控为无(见图 1-3)；单击"确定"进入下一步。

步骤三：按要求将各电缆连接好,并保证交换机已启动。在超级终端窗口按 Enter 键,进入交换机的用户视图,并出现标识符 Switch＞。如果交换机未启动,超级终端会自动显示交换机启动的整个过程。

在交换机首次加电使用时,交换机内部没有任何用户配置,这时交换机自动进入 Setup 交互式配置模式,也可以在特权模式下随时键

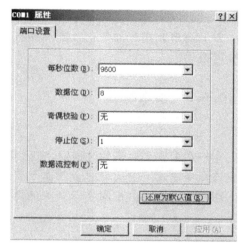

图 1-3　超级终端设置

入 Setup 进入交互式配置模式。这时用户只需简单回答系统的问题便可完成交换机的基本配置。但由于交互式方式只能配置有限数目的命令,我们建议按 Ctrl＋C 组合键中断 Setup 交换模式,采用命令行方式进行配置。

步骤四：在此标识符下,可输入各类命令对以太网交换机进行配置或查看交换机的运行状态。如需帮助,则可输入"?",屏上会显示当前状态下的所有命令。

上述配置过程采用 Windows 操作系统提供的 Hyperterm(超级终端)进行演示。在实际实验中,可利用 Secure CRT 等终端仿真程序进行连接。

1.6.2　命令行接口

思科、锐捷等系列以太网交换机向用户提供了一系列配置命令以及命令行接口,方便用户配置和管理以太网交换机。思科产品命令行接口使用等级结构模式,这个结构可登

录不同的模式来完成详细的配置任务。从安全的角度考虑,Cisco IOS 软件将 EXEC 会话分为用户(user)模式和特权(privileged)模式。

> 用户模式。用户模式仅允许运行基本的监测命令,在这种模式下不能改变交换机的配置,其命令提示符为 Switch>。

> 特权模式。特权模式可以运行所有的配置命令,在用户模式下访问特权模式需要密码,其命令提示符为 Switch#。

用户模式一般只允许用户显示交换机的基本信息而不能改变任何设置,要想使用所有的命令,就必须进入特权模式。在特权模式下,还可以进入到全局模式和其他特殊的配置模式,这些特殊模式都是全局模式的一个子集。

当交换机第一次启动成功后,会出现用户模式提示符 Switch>。从用户模式切换到特权模式需键入 Enable 命令(第一次启动交换机时不需要密码),这时交换机的命令提示符变为 Switch#,表示用户成功切换到特权模式。在特权模式下,键入 Configure Terminal 命令则可成功切换到全局配置模式。

以上简单介绍了如何进入到交换机的各种配置模式,其他特殊的配置模式都可以通过全局模式进入。

1.6.3 基本配置

1. 帮助命令

用户在配置交换机的过程中,忘记当前命令时,可随时在命令提示符下输入"?",即可列出该命令模式下能运行的全部命令列表,也可按 Tab 键,对命令进行自动补齐剩余单词。用户也可以列出相同字母开头的命令关键字或者每个命令的参数信息。使用方法如下:

```
Switch> ?                        //列出用户模式下所有命令
Switch# ?                        //列出特权模式下所有命令
Switch> s?                       //列出用户模式下所有以 S 开头的命令
Switch# show conf <Tab>          //自动补齐 conf 后剩余字母
Switch# show configuration ?     //列出命令的下一个关联的关键字
```

2. 模式的切换

```
Switch>enable                    //用户模式切换到特权模式
Switch# Configure Terminal       //特权模式切换到全局模式
```

3. 配置密码

交换机的密码有虚拟终端(VTY)密码和特权模式密码。VTY 线路密码控制 Telnet 到交换机的访问;特权模式密码是为保护交换机特权模式而设置的密码,即 enable password/enable secret。enable password 配置的密码是明文;enable secret 配置的密码是密文,在交换机的配置清单中不显示其内容。当同时配置了 enable password 和 enable secret 时,后者生效。如表 1-1 所示。

表 1-1 密码的配置

说明	Cisco	RG
配置 VTY 密码	Switch(config)#line vty 0 15 Switch(config-line)#password password Switch(config-line)#login Switch(config-line)#end	Switch(config)#enable secret level | level 0 15 password Switch(config)#end
配置特权密码	Switch(config)#enable password password | enable secret password Switch(config)#end	

命令关键字解释：

➤ 在 Cisco 命令中,0 15 是指用户级别,是普通用户级别,如果不指明用户的级别则缺省为 15 级(最高授权 1 15 级别)。

➤ 在 RG 命令中,level 表示用户权限级别,取值为 1～15,1 是普通用户级别,如果不指明用户的级别则缺省为 15 级(最高授权级别);0|5,0 表示不加密,5 为 RG 私有的加密算法。如果选择了加密类型,则必须输入加密后的密文形式的口令,密文固定长度为 32 个字符。

4. 配置系统日期时间(见表 1-2)

表 1-2 配置系统日期时间

说明	Cisco	RG
设置时钟	Switch#Clock set {hh：mm：ss day month year}	Switch#clock set hh：mm：ss day month year
显示时钟	Switch#show clock	Switch#show clock

命令关键字解释：

hh：mm：ss：小时(24 小时制)、分钟和秒。

day：日,范围 1～31。

month：月,范围 1～12。Cisco 设备为每月的英文单词,RG 设备为数字。

year：年,注意不能使用缩写。

例如：将系统时钟设置为年月日下午点分：2009 年 8 月 6 日 15 时 20 分 58 秒,设置完后查看系统时钟。

Switch#clock set 15：20：58 6 August 2009

Switch#show clock

显示结果：

15：21：00.643 UTC Thu Aug 6 2009

表示年月日点分秒,星期四。

5. 配置交换机名

Switch(config)#hostname switchname   //交换机名为 switchname

命令关键字解释：

Switchname 为系统名，名称必须由可打印字符组成，长度不能超过 255 字节。

例如：配置交换机名为 lab

Switch(config)#hostname lab

lab(config)#

6. 配置保存

Switch#write

Switch#copy running-config startup-config   //将 RAM 中的当前配置保存到
                                                      NVRAM 中

命令关键字解释：

Write 和 copy running-config startup-config

功能一样，只是为了保留老用户命令系统的习惯。

7. 查看命令

Switch#show version   //查看版本信息

Switch#show running-config   //在特权模式下显示现行配置文件内容

Switch>show int   //在普通模式下显示接口配置

Switch#show vlan   //查看 VLAN 信息

关于查看命令，在交换机系统中有多个子项，可在特权模式下输入"show ?"列出所有子项。

8. 恢复出厂设置

方法一：

Switch#delete config.text   //删除配置文件 config.text

Delete filename [config.text]? config.text   //确认删除配置文件文件名

设备中配置了 VLAN，在恢复时需删除 VLAN 配置文件：

Switch#delete vlan.dat   //删除配置文件 vlan.dat

Delete filename [vlan.dat]? vlan.dat   //确认删除配置文件文件名

方法二：

Switch#Write erase   //清除设备配置

9. 重启交换机

Switch#reload

System configuration has been modified. Save? [yes/no]：yes

                                                  //是否保存当前配置文件

Building configuration...

1.6.4　通过 Telnet 配置

用户通过串行口已正确配置了以太网交换某个 VLAN（常指管理 VLAN，默认为 VLAN1）接口的 IP 地址（在 VLAN 接口视图下使用 IP address 命令），并已指定与终端相连的以太网端口属于该 VLAN,这时可以利用 Telnet 登录以太网交换,然后对以太网交换机进行配置。在通过 Telnet 登录以太网交换机之前,需要通过串行口在交换机上配置欲登录以太网交换机的 Telnet 用户名和密码。

配置管理 IP:

```
Switch (config)♯ interface vlan 1              //进入 VLAN1 接口模式
Switch (config-if)♯ ip address 192.168.1.2 255.255.255.0
                                               //为 VLAN1 配置 IP 地址
Switch (config-if)♯ no shutdown                //激活端口
Switch (config-if)♯ end
```

为 VLAN1 的管理接口分配 IP 地址,管理者可通过 VLAN1 管理交换机,设置交换机的 IP 地址为 192.168.1.2,对应的子网掩码为 255.255.255.0,通过 exit 或 end 命令返回 Switch♯ 模式。

1.6.5　以太网接口配置

1. 进入以太网端口视图

命令格式:interface {{fastethernet | gigabitethernet} interface-id} | {vlan vlan-id}

```
Switch(config)♯ interface fastethernet 0/1    //0 指槽位,1 指端口号
```

2. 打开或关闭端口

```
Switch(config-if)♯ shutdown                    //关闭端口
Switch(config-if)♯ no shutdown                 //打开端口
```

3. 对以太网端口进行描述

```
Switch(config-if)♯ description name            //对当前端口进行描述,name 为
                                                 描述内容
```

4. 设置以太网端口工作状态

```
Switch(config-if)♯ duplex auto|full|half
```

命令关键字解释:

全双工(full):全双工比半双工又进了一步。在 A 给 B 发信号的同时,B 也可以给 A 发信号。典型的例子就是打电话。

半双工(half):半双工是指 A 能发信号给 B,B 也能发信号给 A,但这两个过程不能同时进行。典型例子就是对讲机。

单工:单工是指 A 只能发信号,而 B 只能接收信号,通信是单向的。

自动(auto):根据连接对端的网络设备端口工作状态和本端口的工作状态自动协商而定,默认情况下为“自动”。

5. 设置以太网端口速率

```
Switch (config-if)♯ speed 10|100|1000|auto
```

命令关键字解释:

速度单位为 Mbps；默认情况下为 auto，在普通的二层交换机中，只有上联口速率可为 1000 Mbps。

6. 设置以太网端口类型

Switch(config－if)♯switchport mode access|trunk　　　　//定义端口类型

Switch(config－if)♯switchport access vlan vlan id

　　　　　　　　　　　　　　　　　　　　　　//将当前端口加入指定 VLAN 中

Switch(config－if)♯switchport trunk allowed vlan vlan－list|add|all|except|remove

在二层交换机中，端口类型有 Access 和 Trunk 两种模式。Access 类型的端口只能属于 1 个 VLAN，一般用于连接计算机的端口；Trunk 类型的端口可以允许多个 VLAN 通过，可以接收和发送多个 VLAN 的报文，一般用于交换机之间连接的端口。

trunk 类型中关键字：

vlan-list：可以使用单个（1～4094）或者一个范围（不能出现空格）。

add：将 VLAN 添加到允许中继运载的 VLAN 列表。

all：允许中继链路晕在所有的 VLAN，这是一个默认值。

except：除了 vlan-list 指定的 VLAN 外，其他的 VLAN 都允许。

remove：将 vlan-list 指定的 VLAN 从允许列表中移除。

1.6.6　错误处理

1. 关闭域名解析

Switch(config)♯no ip domain lookup　　//关闭动态域名解析，可采用 ip domain lookup 开启

2. 禁用通知信息

Switch(config)♯no debug all　　　　　　//关闭所有 debug 进程，可采用 debug all 开启

1.7　小　结

通过本实验的学习，我们熟悉了思科、锐捷交换机的基本配置命令，理解了交换机的工作原理、常用的交换技术以及交换机的管理和配置方法。

实验 2

路由器简介及配置

2.1 实验目的

➢ 熟悉路由器的结构、基本功能和工作原理。
➢ 了解路由器的接口及各接口的功能。
➢ 掌握路由器配置的方法及基本配置,能独立完成思科、锐捷路由器的基本配置。

2.2 实验内容

以 Cisco 2612(或 RG1762)为例,通过超级终端、Telnet 等方式登录路由器,配置 IP 地址,设置管理密码、路由器名等基本信息,掌握各种模式之间的灵活切换,学会通过 Telnet 管理远程路由器。

2.3 实验原理

2.3.1 简介

路由器(router)是指工作在 OSI 参考模型第三层(即网络层),用于连接多个网络或网段的网络连接设备。它的基本功能是根据目的地址选择最优路径转发数据包。随着网络技术的飞速发展,路由器的功能也得到了极大的扩充。目前路由器除其基本功能外还有如下功能:

(1) 连通不同类型的网络:路由器支持各种局域网和广域网接口,可以连接不同种类的网络,实现互联互通。

(2)数据处理:提供包括数据包过滤、转发、优先级、加密、压缩和防火墙等功能。

(3)网络管理:提供包括路由器配置管理、性能管理、容错管理的流量控制等功能。

(4)多业务:支持 MPLS、二层 VPN 和三层 VPN 等多种新业务。

路由器的数据转发是基于路由表(routing table)实现的,每台路由器都会维护一张路由表,根据路由表决定数据包的转发路径。数据包的转发流程包括线路输入、包头分析、数据存储、包头修改和线路输出。当路由器收到一个数据包后,首选对数据包进行分析和校验。对于发给路由器的数据包,路由器将交给相应模块去处理;需要转发的数据包,路由器将查询路由表后根据查询结果将数据包转发到相应的端口和网络中。路由器的结构如图 2-1 所示。

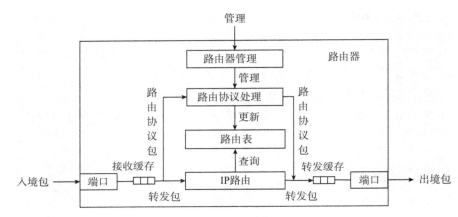

图 2-1　路由器结构

路由表是路由器对网络拓扑的认识,记录着各种传输路径的相关数据,供路由选择时使用;它可以由系统管理员固定设置,也可以由系统动态生成。常见的路由选择策略有静态路由和动态路由两类。

➤　静态路由不能对网络的改变做出及时的反应,并且当网络规模较大时,其配置将十分复杂。

➤　动态路由是路由器根据网络系统的运行情况而自动调整路由表。路由器根据路由选择协议(routing protocol)提供的功能,自动学习和记忆网络运行情况,在需要时自动计算数据传输的最佳路径。常见的动态路由协议有距离矢量路由协议(routing information protocol,RIP)、链路状态路由协议(open shortest path first,OSPF)、边界网关协议(border,rateway protocol,BGP)等。

IP 协议是无连接的,IP 数据包的发送并不指定传输路径,而是由路由器决定如何转发,所以 IP 数据包的转发一般采用步跳的方式,即每次路由器转发数据包到下一个距离目的地更近的路由器。数据包的传输过程可分为 3 个步骤:源主机发送 IP 数据包,路由器转发数据包,目的主机接收数据包。

2.3.2　路由器的硬件组成

一般路由器的硬件组成由中央处理器、主板、存储器和接口四部分组成,以下详细介绍除接口外的三部分硬件。

(1) 中央处理器(CPU)。和普通计算机一样,路由器也包含了一个中央处理器(central processing unit,CPU)。不同系列和型号的路由器,其 CPU 也不尽相同。随着路由并行技术的发展,一台路由器可设计多个 CPU 并行工作,负责不同事务的处理。

(2) 主板。路由器也依靠主板连接各主要部件,主板上有路由器的主要电路系统。一般路由器的 CPU 都是焊接在主板上,有些小型路由器也会将 RAM 集成在主板上,但是大多数主板还是用插槽连接内存,这样可以比较方便地进行内存的扩展。对于固化接口的路由器,接口会直接集成在主板上。

(3) 存储器。路由器有只读内存储器(read-only memory,ROM)、随机存取内存储器(random access memory,RAM)、非易失性 RAM(non-volatile RAM,NVRAM)、闪存(flash)四种不同类型的存储器,每种存储器以不同方式协助路由器工作。

➤　只读内存储器。路由器中 ROM 的功能与计算机中 BIOS 的功能相似,主要用于系统初始化等功能。ROM 中主要包含:系统加电自检代码(POST),用于检测路由器中各硬件部分是否完好;系统引导区代码(BootStrap),用于启动路由器并载入操作系统;操作系统的备份,在原有操作系统被删除或破坏时使用。

➤　随机存取内存储器。RAM 是可读可写的存储器,存储速度快,但存储的内容在系统重启或关机后将被清除。路由器中的 RAM 与计算机中的 RAM 一样,也是在运行期间暂时存放操作系统和数据的存储器,让路由器能迅速访问这些信息,RAM 的存取速度优于其他三种存储器的存取速度。

➤　非易失性 RAM。NVRAM 是可读可写的存储器,在系统重新启动或关机之后仍能保存数据。由于 NVRAM 仅用于保存启动配置文件(startup-config),故其容量较小,通常在路由器上只配置 32～128 KB。同时,NVRAM 的速度较快,成本也比较高。

➤　闪存。flash 是可读可写存储器,在系统重新启动或关机之后仍能保存数据。flash 中存放着当前正在使用的 IOS。事实上,如果 flash 容量足够大,甚至可以存放多个 IOS,在进行 IOS 升级时十分有用。当不知道新版 IOS 是否稳定时,可在升级后仍保留旧版 IOS,出现问题时可迅速退回到旧版操作系统,从而避免长时间的网路故障。现在很多高端路由器上的闪存都放在板卡外部插槽中,方便管理人员进行拆装,一般路由器配置两个或两个以上闪存用来备份。

用户在加电启动路由器时,启动过程如下:首先,系统硬件加电自检,运行 ROM 中的硬件检测程序,检测各组件能否正常工作,完成硬件检测后,开始软件初始化工作;其次,软件初始化,运行 ROM 中的 BootStrap 程序,完成初步引导工作;再次,寻找并载入 IOS 系统文件,IOS 系统文件可以存放在多处,至于采用哪一个 IOS 则是通过命令设置指定的;最后,IOS 装载完毕,系统在 NVRAM 中搜索保存的 startup-config 文件,进行系统的配置。如果 NVRAM 中存在 startup-config 文件,则将该文件调入 RAM 中并逐条执行;

否则,系统进入 Setup 模式,进行路由器初始配置。

2.3.3　接口类型

路由器包括 Console、AUX、RJ45、Serial 等接口,Console 和 AUX 是路由器硬件的基本组成部分,是一般路由器必须配备的两个接口,如图 2-2 所示。在此我们结合路由器的常用接口类型作如下介绍。

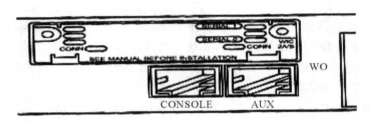

图 2-2　Console 与 AUX 接口

> 控制台口(Console)。所有路由器都安装了控制台口,使用户或管理员能够利用终端与路由器进行通信,完成路由器配置。该端口提供了一个 EIA/TIA－232 异步串行接口,用于在本地对路由器进行配置(首次配置必须通过 Console 端口进行)。路由器的型号不同,与控制台进行连接的具体接口方式也不同,有些采用 DB25 连接器,有些采用 RJ45 连接器。通常,较小或中低端的路由器常采用 RJ45 连接器,而较大或高端复杂应用的路由器则采用 DB25 连接器。

> 辅助口(AUX)。多数路由器配备一个辅助端口,它与控制台端口类似,提供了一个 EIA/TIA－232 异步串行接口,通常用于连接 Modem 以使用户或管理员对路由器进行远程管理。

> RJ45 端口。这是我们常见的双绞线以太网端口,在快速以太网中也主要采用双绞线作为传输介质,所以根据端口的通信速率不同,RJ45 端口又可分为 10Base-T 网的 RJ45 端口(见图 2-3(a))和 100Base-TX 网的 RJ45 端口(见图 2-3(b))两类。其中,10Base-T 网的 RJ45 端口在路由器中通常标识为"ETH",而 100Base-TX 网的 RJ45 端口则通常标识为"10/100bTX",主要是因为现在用于快速以太网的路由器产品多数采用 10/100 Mbps 带宽自适应端口。其实这两种 RJ45 端口仅就端口本身而言是完全一样的,但端口中对应的网络电路结构是不同的,所以也不能随便连接。

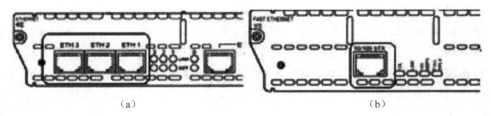

(a)　　　　　　　　　　　　　　　　　　　　　(b)

图 2-3　RJ45 接口

> 高速同步串口(Serial)。其主要应用于广域网连接中,是广域网中应用最多的端口。这种端口主要用于连接目前应用非常广泛的 DDN、帧中继(Frame Relay)、X.25、PSTN(模拟电话线路)等网络连接模式中;在企业网之间有时也通过 DDN 或 X.25 等广域网连接技术进行专线连接。这类同步端口一般要求速率非常高,因为一般来说,通过这种端口所连接的网络,两端都要求实时同步。高速同步串口如图 2-4 所示。

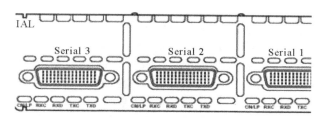

图 2-4　高速同步串口

> 异步串口(ASYNC)。它主要应用于 Modem 或 Modem 池的连接,用于实现远程计算机通过公用电话网拨入网络,对设备进行管理。这种异步端口相对于上面介绍的同步端口来说在速率上要慢很多,因为它并不要求网络的两端保持实时同步,只要求能连续即可,这主要是因为这种接口所连接的通信方式速率较低。这种老式的接口在早期的路由器上用到,现在基本不再使用。如图 2-5 所示为异步串口。

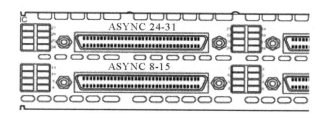

图 2-5　异步串口

> BRI 接口。它是 ISDN 的基本速率接口,用于 ISDN 广域网接入的连接,BRI 接口也是 RJ45 接口。BRI 接口分两种:U 接口和 S/T 接口;U 接口内置了 ISDN 的 NT1 设备(俗称 ISDN 的 Modem),路由器可以不连接 ISDN 和 NT1 设备,而直接连接 ISDN 的电话线。目前使用的一般都是 S/T 接口,路由器与 ISDN 的 NT1 设备连接使用 RJ45—RJ45 直通线。BRI 接口如图 2-6 所示。

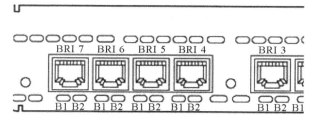

图 2-6　BRI 接口

2.3.4　路由器分类

路由器是个庞大的家族,从数十元的家用微型路由器到几百万元的电信级骨干网路由器,虽然原理相同,但性能却有相当大的差异。路由器的分类标准有多种,按功能分类有以下几种:

(1) 接入路由器。其主要连接家庭或 ISP 运营商网内的小型企业客户。接入路由器已经不只是提供 SLIP(serial line Internet protocol)或 PPP 连接,还支持诸如 PPTP 和IPSec 等虚拟私有网络协议,这些协议要能在每个端口上运行。随着网络技术的发展,ADSL 等技术将很快提高家庭用户的可用带宽,这将进一步增加接入路由器的负担。由于这些趋势,接入路由器将来需支持许多异构和高速端口,并要求在各个端口上能够运行多种协议。

(2) 企业级路由器。企业或校园网中路由器连接许多终端系统,其主要目标是考虑建网成本,以尽可能便宜的方法实现尽可能多的端点互连,并且进一步要求支持不同的服务质量控制。当前许多现有的企业网络都是由 Hub 或交换机连接起来的以太网,尽管这些设备价格便宜、易于安装、无需配置,但是它们不支持服务等级。相反,有路由器参与的网络能够将机器分成多个广播域,因而能控制网络的大小。此外,路由器还支持一定的服务等级,至少允许分成多个优先级别。但是,路由器的每个端口造价昂贵,在正常使用前要进行大量的配置工作。因此,企业路由器的重点在于是否提供大量端口且每个端口的造价很低,是否容易配置,是否支持 QoS;另外,还要求企业级路由器有效地支持广播和组播。企业网络还要处理历史遗留的各种局域网技术,支持多种协议,包括 IP、IPX 等;它们还要支持防火墙、包过滤、流量的管理,安全策略以及 VLAN 技术。随着以太网技术渐渐成为企业网的主流技术,三层交换机比企业级路由器更符合以上的需求,所以企业级路由器渐渐被三层交换机取代。

(3) 骨干级路由器。其主要实现企业级网络的互联,用于城域网、省域网以及中小型广域网的骨干网。对它的要求是高转发速度和高可靠性,代价则处于次要地位。硬件可靠性可以采用电话交换网中使用的技术,如热备份、双电源、双数据通路等方式来获得。这些技术对所有骨干路由器而言是标准的。骨干 IP 路由器的主要性能瓶颈在于转发表中查找某个路由所消耗的时间,其次就是稳定性。同时,性能上要求高转发率、高背板带宽、支持各种局域网中所需的广域网接口、支持 QoS 和网络管理等功能。

(4) 太比特路由器。在未来核心互联网使用的三种主要技术中,光纤和密集波分复用(DWDM)都已经很成熟并且是现成的。如果没有与现有的光纤技术和密集波分复用技术提供的原始带宽对应的路由器,新的网络基础设施将无法从根本上改善性能,因此开发高性能的骨干路由器(太比特路由器)已经成为一项迫切的要求。太比特路由器技术现在还处于开发实验阶段。

2.4　实验环境与设备

➢ Cisco 2612 1 台或 RG2126G 1 台、已安装超级终端的 PC 1 台。

➢ Console 电缆 1 条、双绞线 1 条。

➢ 每组 1 位同学，操作 PC 进行设备配置。

2.5　实验组网（见图 2-7）

图 2-7　路由器管理方式

2.6　实验步骤

2.6.1　通过 Console 口配置

路由器的管理方式与交换机相似，也可以通过带外和带内两种方式进行管理。在第一次使用路由器的时候，必须通过 Console 口方式对路由器进行配置。操作步骤如下：

步骤一：如图 2-7 所示，建立本地配置环境，将 PC 机（或终端）的串口通过配置电缆与路由器的 Console 口相连接；再将 PC 机（或终端）的 RJ45 端口与路由器的 RJ45 端口相连。

步骤二：在 PC 上运行超级终端程序（开始→程序→附件→通信→超级终端）；设置终端通信参数波特率（每秒位数）为 9600 bps，数据位为 8，奇偶校验为无，停止位为 1，数据流控为无（见图 2-8）；单击"确定"进入下一步。

步骤三：已按要求将各电缆连接好，并且路由器已启动。在超级终端窗口按 Enter 键，进入路由器的用户视图，并出现标识符：Router＞；如果路由器未启动，超级终端会自动显示整个启动过程。

在路由器首次加电使用时,路由器内部没有任何配置,这时路由器自动进入 Setup 交互式配置模式,也可以在特权模式下键入 Setup 进入交互式配置模式。这时用户只需简单回答系统的问题,便可完成路由器的基本配置。但由于交互式方式只能配置有限的命令,建议按 Ctrl＋C 组合键中断 Setup,采用命令行的方式进行配置。

步骤四:在此标识符下,可输入命令配置路由器或查看路由器的运行状态。如需帮助,则可输入"?",屏上会显示当前状态下的所有命令。

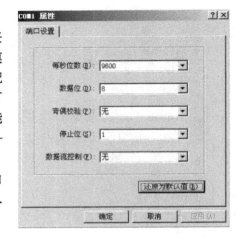

图 2-8　超级终端设置

2.6.2　命令行接口

思科、锐捷等系列路由器向用户提供了一系列配置命令以及命令行接口,方便用户配置和管理。思科产品命令行接口使用等级命令结构,这个结构可登录不同的模式来完成详细的配置任务。从安全的角度考虑,Cisco IOS 软件将 Exec 会话分为用户(user)模式和特权(privileged)模式。

➤　用户模式:仅允许运行基本的监测命令。这种模式下不能改变路由器的配置内容。命令提示符为 Router＞,表示用户正处在用户模式下。

➤　特权模式:可以运行所有的配置命令。在用户模式下访问特权模式需要密码。命令提示符为 Router♯,表示用户正处在特权模式下。

用户模式一般只能允许用户显示路由器的信息而不能改变任何设置,要想使用所有的命令,就必须进入特权模式。在特权模式下,还可以进入到全局模式和其他特殊的配置模式,这些特殊模式都是全局模式的一个子集。

2.6.3　基本配置

路由器的操作系统是一个功能非常强大的系统,特别是在一些高档的路由器中,它具有非常丰富的操作命令。正确掌握这些命令对配置路由器是最关键的一步,一般都是以命令方式对路由器进行配置。下面以 Cisco 2612 为例,介绍路由器的常用命令。

1. 帮助命令

NOS 提供了非常强大的在线帮助功能。用户在配置的过程中,如果有记不住的命令或者拼写不正确的命令,可以随时在命令提示符下输入"?",即可列出该命令模式下支持的全部命令列表,也可按 Tab 键,对命令进行自动补齐剩余命令单词。用户也可以列出相同字母开头的命令关键字,或者每个命令的参数信息。使用方法如下:

```
Router♯?                        //列出当前命令模式下的所有命令
Router♯sh <Tab>                 //自动补齐以 sh 开头的命令
```

Router＃s?　　　　　　　　　　　　//显示当前模式下以 s 开头的所有命令

显示结果如下：

sdlc　　　　　send　　　　　setup　　　　　start－chat　　　　　show

2. 显示命令

显示命令是指用于显示某些特定需要的命令，以方便用户查看设备某些特定设置信息。常用的显示命令有：

Router＃show version　　　　　　　　//查看版本及引导信息

Router＃show clock　　　　　　　　　//查看路由器系统时间

Router＃show running－config　　　　//查看运行配置文件信息

Router＃show startup－config　　　　//查看用户保存在 NVRAM 中的配置文件

Router＃show ip route　　　　　　　　//查看路由信息

Router＃show interfaces type number　　//查看接口信息

Router＃show arp　　　　　　　　　//查看路由器的 ARP 表

3. 接口命令

Router(config)＃Interface Ethernet number　　//进入指定以太网接口视图

Router(config－if)＃ip address ip－address netmask

　　　　　　　　　　　　　　　　//为指定接口配置 IP 地址

Router(config－if)＃no shutdown　　　//激活指定接口

Router(config)＃interface fastethernet 0/0.1

　　　　　　　　　　　　　　　　//进入以太网端口 0/1 的 1 子接口

Router(config－subif)＃ip address ip－address netmask

　　　　　　　　　　　　　　　　//为子接口配置 IP 地址

在默认情况下，路由器的接口是处于关闭状态下的，我们需要键入"no shutdown"命令来激活接口。

4. 常用命令

Router(config)＃hostname name　　　//配置路由器名

Router(config)＃no hostname name　　//删除路由器名

Router＃no debug all　　　　　　　//关闭调试功能

Router(config)＃enable secret password　　//设置特权密码，密码为密文

Router(config)＃enable password password　//设置特权密码，密码为明文

Router(config)＃line vty number　　　//进入 VTY 线路设置

Router(config－line)＃login　　　　　//设置登录时需要密码

Router(config－line)＃password password　//设置远程登录密码

Router(config)＃ip routing　　　　　//启用 IP 路由

5. 重启命令

在线的路由器为不间断工作，但由于一些原因需要重启，有很多设备操作系统在设置时考虑了这点，支持在一定时间后重新启动路由器或在特定时间重新启动路由器。命令如表 2-1 所示。

表 2-1　重启命令的配置

说明	Cisco	RG
直接重启	Router＃reload	Router＃reload
指定某个时间重启	无	Router＃reload at hh：mm day month［year］［reload-reason］
指定在一段时间后重启	无	Router＃reload in mm［reload-reason］
	无	Router＃reload in hh：mm［reload-reason］
删除已设置的重启策略	无	Router＃reload cancel

命令关键字解释：

➤ 指定某个时间重启。指定系统在 year（年）month（月）day（日）h（时）m（分）reload。relaod 的原因是 reload-reason（如果有输入的话）。如果用户没有输入 year 参数，则默认使用系统的当前年份。

➤ 指定在一段时间后重启。指定系统 m（分）后 reload，reload 的原因是 reload-reason（如果有输入的话）；指定系统 h（时）m（分）后 reload，reload 的原因是 reload-reason（如果有输入的话）

6. 系统时间命令

Router＃Clock set {hh：mm：ss day month year}　　　//设置系统时间和日期

在配置月份的时候，注意输入为月份英文单词的缩写，各个月份的英文单词和缩写如下：一月（January/JAN）、二月（February/FEB）、三月（March /MAR）、四月（April/APR）、五月（May/MAY）、六月（June/JUN）、七月（July/JUL）、八月（August/AUG）、九月（September /SEP）、十月（October/OCT）、十一月（November/NOV）、十二月（December/DEC）。

2.6.4　通过 Telnet 配置

如果用户已经配置好路由器各接口的 IP 地址，同时可以正常进行网络通信了，则可以通过局域网或者广域网使用 Telnet 客户端登录到路由器上，对路由器进行远程管理。下面是在路由器上配置远程 Telnet 访问的全过程。

```
Router ＞en
Router＃configure terminal
Router (config)＃hostname RouterA
RouterA (config)＃enable password cisco        //以 Cisco 为特权模式密码
RouterA (config)＃interface fastethernet 0/1   //以 1 号端口为 Telnet 远程登录
RouterA (config－if)＃ip address 192.168.1.100 255.255.255.0
RouterA (config－if)＃no shutdown
```

RouterA（config – if）♯exit

RouterA（config）line vty 0 4　　　　　　　　//设置 0～4 个用户可以 Telnet 远程登录

RouterA（config – line）♯login

RouterA（config – line）♯password cisco　　　　//以 cisco 为远程登录的用户密码

　　在 Windows 的 DOS 命令提示符下，直接输入 Telnet a. b. c. d，这里的 a. b. c. d 为路由器的以太网接口的 IP 地址（如果在远程 Telnet 配置模式下，为路由器广域网口的 IP 地址），与路由器建立连接，提示输入登记密码。如图 2-9 所示。

图 2-9　从 PC 远程登录到路由器

　　如果出现如下错误提示则说明：

➤　Password required，but none set：以 Telnet 方式登录时，需要在对应的 Line vty number 配置密码，该提示是由于没有配置对应的登录密码。

➤　％No password set：没有设置选程登录密码。对于非控制台登录时，必须配置控制密码，否则无法进入特权用户模式。

2.7　小　结

　　通过本次实验的学习，我们了解了路由器的原理和硬件组成，掌握了路由器的分类及接口类型，熟悉了思科、锐捷路由器的基本配置命令。

实验 3

简单局域网组建

3.1 实验目的

➢ 了解什么是局域网及其基本结构。
➢ 掌握用路由器、交换机简单组网的方法。
➢ 深入理解路由器、交换机的工作原理。

3.2 实验内容

使用路由器、交换机进行简单组网,按图上的设备信息及表中的地址信息对设备进行配置,并按各步骤要求实现以及测试各 PC 间的互联互通。

3.3 实验原理

3.3.1 局域网基础

局域网(local area network,LAN)是在小型计算机与微型机上大量推广使用之后逐步发展起来的一种使用范围最广泛的网络,它是指在某一区域内由多台计算机互联而成的计算机组,一般用于短距离的计算机之间数据、信息的传递,属于一个部门或一个单位组建的小范围网络,其成本低、应用广、组网方便、使用灵活,深受用户欢迎,是目前计算机网络发展中最活跃的分支。例如,一个机房、一幢大楼、一所学校或一个单位内部的计算机等网络设备连接起来形成的网络系统。

1. 局域网的特点

一般所说的局域网是指以微机为主组成的局域网,具有以下主要特点:

➤ 通信速率较高。局域网络通信传输速率为每秒百万分比特(Mbps),从 5 Mbps、10 Mbps、100 Mbps、1000 Mbps 到 10 Gbps,随着局域网技术的进一步发展,目前正在向着更高的速度发展。

➤ 通信质量较好,传输误码率低,位错率通常在 $10^7 \sim 10^{12}$。

➤ 通常属于某一部门、单位或企业所有。由于 LAN 的范围一般在几千米之内,分布和高速传输使它适用于一个企业、一个部门的管理,所有权可归某一单位,在设计、安装、操作使用时由单位统一考虑、全面规划,不受公用网络当局的约束。

➤ 支持多种通信传输介质。根据网络本身的性能要求,局域网中可使用多种通信介质,如电缆(细缆、粗缆、双绞线)、光纤、无线传输等。

➤ 局域网络成本低,安装、扩充及维护方便。

如果采用宽带局域网,则可以实现数据、语音和图像的综合传输。在基带网上,随着技术的迅速进展,也逐步能实现语音和静态图像的综合传输,这正是办公自动化所需要的。

2. 局域网功能

局域网最主要的功能是提供资源共享和相互通信,它可提供以下几项主要功能:

➤ 资源共享,包括硬件资源共享、软件资源共享及数据库资源的共享。在局域网上各用户可以共享昂贵的硬件资源,如大型外部存储器、绘图仪、激光打印机、图文扫描仪等特殊外设。用户可共享网络上的系统软件和应用软件,避免重复投资及重复劳动。网络技术可使大量分散的数据能被迅速集中、分析和处理,分散在网内的计算机用户可以共享网内的大型数据库而不必重新设计数据库。

➤ 数据传送和电子邮件。数据和文件的传输是网络的重要功能,现在的局域网不仅能传送文件、数据信息,还可以传送声音、图像。

➤ 提高计算机系统的可靠性。局域网中的计算机可以互为后备,避免了单机系统无后备时可能出现的故障导致系统瘫痪,大大提高了系统的可靠性,特别在工业过程控制、实时数据处理等应用中尤为重要。

➤ 易于分布处理。利用网络技术能将多台计算机连成具有高性能的计算机系统,通过一定算法,将较大型的综合性问题分给不同的计算机去完成。在网络上可建立分布式数据库系统,使整个计算机系统的性能大大提高。

3. 拓扑结构

拓扑结构是连接计算机和网络设备物理线缆的铺设形式,是描述计算机网络的重要特征。在计算机网络中,以计算机和网络设备为结点,以通信线路作为连接,可以构成不同的几何图形式。局域网在拓扑结构上主要采用总线型、环型、星形和树型结构。拓扑结构如图 3-1 所示。

4. 常用传输介质

局域网的传输介质按照物理特性可分为铜介质、光介质、无线通信等。每种传输介质从传输距离、价格成本、应用环境、网络接口等方面进行比较,有各自的特点。

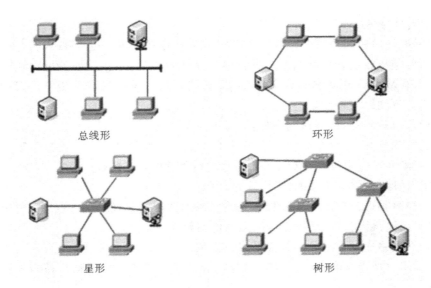

图 3-1 拓扑结构

➤ 同轴电缆。同轴电缆是由一根空心的圆柱网状铜导体和一根位于中心轴线的铜导线组成,铜导线、空心圆柱导体和外界之间用绝缘材料隔开。与双绞线相比,同轴电缆的抗干扰能力强,屏蔽性能好,所以常用于设备之间的连接或总线型网络拓扑中。根据直径的不同,同轴电缆又分为细缆和粗缆两种。其结构如图 3-2 所示。

➤ 双绞线。双绞线电缆(简称为双绞线)是综合布线系统中最常用的一种传输介质,尤其在星形网络拓扑中,双绞线是必不可少的布线材料。双绞线电缆中封装着一对或一对以上的双绞线,为了降低信号的干扰程度,每一对双绞线一般由两根绝缘铜导线相互缠绕而成。双绞线可分为非屏蔽双绞线(unshielded twiszed pair, UTP)和屏蔽双绞线(shielded twisted pair, STP)两大类。其中 STP 又分为 3 类和 5 类两种,而 UTP 分为 3 类、4 类、5 类、超 5 类四种,同时,6 类和 7 类双绞线也会在不远的将来运用于计算机网络的布线系统。双绞线结构如图 3-3 所示。

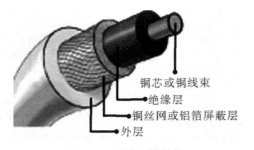

铜芯或铜线束
绝缘层
铜丝网或铝箔屏蔽层
外层

图 3-2 同轴电缆结构   图 3-3 双绞线电缆

➤ 光纤。光纤一般都使用石英玻璃制成,横截面积非常小,利用内部全反射原理来传导光束。光纤在使用前必须由几层保护结构包覆,包覆后的缆线即被称为"光缆"(optical fiber cable)。光缆由光导纤维纤芯(光纤核心)、玻璃网层(内部敷层)和坚强的外壳组成(外部保护层)。目前有两种光纤:单模光纤和多模光纤(模即 Mode,这里指入射角)。

单模光纤的纤芯直径很小,约为 8～10 μm,在给定的工作波长上只能以单一模式传输,传输频带宽,传输容量大,距离远,一般由激光作光源,多用于远程通信。多模光纤是在给定的工作波长上,能以多个模式同时传输的光纤,一般由二极管发光,多用于网络布线系统;与单模光纤相比,多模光纤的传输性能较差。光纤结构和同轴电缆有些相似,如图 3-4 所示。

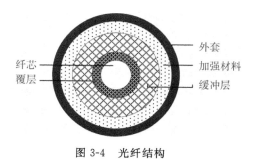

图 3-4　光纤结构

5. 局域网分类

局域网有多种不同的分类方法,如按拓扑结构分类、按传输介质分类、按介质访问控制方法分类等。具体分类方法如下:

➤　按拓扑结构分类。网络拓扑结构在前面已经介绍过。按不同拓扑结构组建的局域网称作星形网络、总线形网络、网状网络、树状网络等。

➤　按传输介质分类。局域网使用的主要传输介质有双绞线、细同轴电缆、光缆;以连接到用户终端的不同介质可将局域网分为双绞线网、细缆网等。

➤　按介质访问控制方法分类。介质访问控制方法提供传输介质上网络数据传输控制机制。按不同的介质访问控制方式可将局域网分为以太网、令牌环网等。

➤　按网络使用的技术分类。通过使用不同的网络技术可将局域网分为以太网、快速以太网、ATM 网、FDDI 网等。

6. 参考模型

计算机网络的体系结构和国际标准化组织(ISO)提出的开放系统互联参考模型(OSI)已得到广泛认同,并提供了一个便于理解、易于开发和加强标准化的统一计算机网络体系结构,因此局域网体系结构参考了 OSI 参考模型。根据局域网的特征,局域网的体系结构一般仅包含 OSI 参考模型的最低两层:物理层和数据链路层(见图 3-5)。

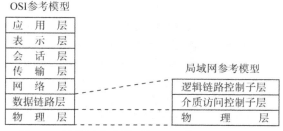

图 3-5　局域网参考模型与 OSI 模型的对应关系

3.3.2　以太网技术

1. CSMA/CD 方法

在局域网中,应用最广泛的一类结构是总线形局域网,即以太网。它的核心技术是随机争用介质访问控制方法,即带有冲突检测的载波侦听多路访问(carrier sense multiple access with collision detection,CSMA/CD)方法。

　　CSMA/CD方法用来解决多节点如何共享公用总线的问题。在以太网中,任何节点都必须平等地争用发送时间,这种介质访问控制属于随机争用方法。IEEE 802.3标准是在以太网规范的基础上制定的。

　　2. CSMA/CD方法的工作过程

　　CSMA/CD方法的工作过程是局域网中的每个节点利用总线发送数据时,首先侦听总线的忙闲状态;如果总线上已经有数据信号传输,则为总线忙;如果总线上没有数据传输,则视总线空闲。如果一个节点已准备好要发送的数据帧,并且此时总线处于空闲状态,那么它就可以开始发送数据。但是,同时还存在着一种可能,那就是在几乎相同的时刻,有两个或两个以上节点发送了数据,就会产生冲突,因此,节点在发送数据时应该进行冲突检测。

　　以太网中,CSMA/CD方法可有效地控制多节点对共享总线的访问,方法简单且容易实现;但是,对于任何一个节点,如果想发送数据,都要等待信道空闲。因此,节点从准备发送数据到成功发送数据,发送等待延迟时间是不确定的。

3.3.3　交换式局域网

　　1. 以太网帧结构

　　局域网交换机的工作对象为数据链路层帧,对于所有速率(10/100/1000/10000 Mbps)的以太网来说,帧结构几乎相同,如图3-6所示。

7B	1B	6B	6B	2B	46-1500B	4B
前导符	帧起始定界符	目的地址	源地址	类型	数据	帧校验序列

图 3-6　以太网帧结构

　　前导符,长度为7字节,内容为0、1交错出现的比特流,在10 Mbps及更低速率的以太网中用于时钟同步。100 Mbps以后的版本都是同步的,所以这个时钟信息是多余的,但是出于兼容性考虑而保留了下来。

　　帧起始定界符(SFD),长度为1字节,内容为10101011,标识一个数据帧即将开始。

　　目的地址(DA),长度为6字节,内容为帧的目的地址(即目的结点的48位MAC地址)。

　　源地址(SA),长度为6字节,内容为帧的源地址(即发送结点的48位MAC地址)。

　　类型(TYPE),长度为2字节,代表上一层(网络层)所使用的协议。

　　数据(DATA),长度在46到1500字节之间,是帧所要传输的数据。

　　帧校验序列(FCS),长度为4字节,内容为位于目的地址开始到数据为止其内容的CRC校验结果。

　　2. 局域网交换机的技术特点

　　目前,局域网交换机主要是针对以太网设计的,一般来说,局域网交换机主要有以下几个技术特点:

　　➢　低交换传输延迟。局域网交换机的主要特点是低交换传输延迟,从传输延迟时间来看,局域网交换机、网桥和路由器三者的传输延迟时间之比大约为1∶10∶100。

　　➢　高传输带宽。交换机的每个端口独享网络带宽。对于100 Mbps交换机的端口,半双工端口带宽为 100 Mbps,而全双工端口带宽为 10010 0Mbps,对于 1000 Mbps 和 10000 Mbps 以太网交换机,每个端口的带宽更高。

➤ 允许 10/100/1000100 Mbps 共存,由于采用了 10/100/1000100 Mbps 自动侦测技术,交换机的端口支持 10M/100M/1000100 Mbps 三种速率,以及全双工和半双工两种工作方式。端口能自动测试出所连接网卡的速率和传输模式,能自动识别并做出相应的调整,从而大大减轻了网络管理的负担。

➤ 支持虚拟局域网服务。交换式局域网是 VLAN 的基础,目前的以太网交换机基本上都可以支持 VLAN 服务,通过 VLAN 可以方便地调整网络负载的分布,提高带宽的利用率、网络的可管理性和安全性。

3.3.4 无线局域网

无线局域网(wireless local area network,WLAN)是计算机网络与无线通信技术相结合的产物。一般来说,凡是采用无线通信方式的计算机局域网都可以称为无线局域网。它指在工作站和设备之间不采用传统电缆线的同时,提供传统有线局域网的所有功能,网络所需的基础线路等设施不需要再埋在地下或隐藏在墙内,网络能够随着用户的需要而移动或变化。通信范围不受环境条件的限制,网络的传输范围大大拓宽,最大传输范围可达几十千米。在有线局域网中,两个站点的距离在使用铜缆时被限制在 500 m,即使采用单模光纤也只能达到几千米,而无线局域网中两个站点间的距离目前可达到几十千米,距离数公里建筑物中的网络可以集成为同一个局域网。

3.3.5 常见组网设备

在网络组建中,常用的设备有中继器、集线器、网桥、交换机、路由器、网关等。交换机、路由器在前面实验中已作了详细的介绍,下面介绍其他几种常用的网络设备。

1. 中继器

中继器是一种放大模拟或数字信号的网络连接设备,属于 OSI 模型中的物理层设备。例如,它不能降低所传输信号的质量,也不能提高传输信号的质量,更不能纠正错误信号,只能转发信号,而且在转发有用信号的同时,也转发了信号的噪音。从这方面来看,它不是智能设备。

2. 集线器

集线器只是一个多端口的中继器。它有一个端口与主干网络相连,并有多个端口连接一组工作站,在以太网中,集线器通常是支持星形或混合型拓扑结构的组网。在星形结构的网络中,集线器被称为多址访问单元(MAU),它能够支持各种不同的传输介质和数据传输速率。有些集线器还支持多种传输介质的连接器和多种数据传输速率。

3. 网桥

网桥具有单个的输入端口和输出端口,其外形与中继器相似,与中继器的不同之处在于它能够解析收发的数据,属于 OSI 模型的数据链路层设备。网桥能够解析它所接受的帧,并能指导如何把数据传送到目的地,特别是它能够读取目标地址信息(MAC)并决定是否向网络的其他网段转发(重发)数据包;如果数据包的目标地址与源地址位于同一段,则直接将它过滤掉。当节点通过网桥传输数据时,网桥就会根据已知的 MAC 地址和它们在网络中的位置建立过滤数据库,网桥利用过滤数据库来决定是转发数据包还是将其过滤掉。

4. 网关

网关是用来传输和中继数据包的网络设备,它不能完全归为一种网络硬件,而是能够连接不同网络的软件和硬件的结合产品。它们可以使用不同的数据包格式、通信协议或网络结构连接起来的两个系统,网关实际上通过重新封装数据信息以使它们能被另一个系统所读取。另外,网关还可以作为数据包的过滤器,充当网络的屏障。

网关设备可以是路由器、三层交换机或多层交换机,也可以是一台计算机或服务器。在大型网络应用中,网关设备一般是高性能的路由器或多层交换机,它们具有强大的数据处理功能,但价格也比较昂贵。此外,由于网关的传输比较复杂,所有进出网络的数据包都要经过网关,因此可能会给网络带来瓶颈。

3.4   实验环境与设备

➢   Cisco 2950 或 RG2126G 交换机 2 台、已安装操作系统的 PC 机 4 台、Cisco 2612 或 RG1762 路由器 1 台。
➢   Console 电缆 1 条、1.5M 按 568B 方式制作的双绞线 6 条。
➢   每组 4 位同学,各操作 1 台 PC 协同实验。

3.5   实验组网

实验过程中所采用的网络组建拓扑结构如图 3-7 所示,图中各设备地址的配置如表表 3-1 所示。

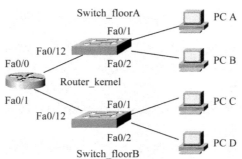

图 3-7   简单局域网组建拓扑结构

表 3-1　设备配置信息

设备名	端口	IP 信息	
		IP 地址	网关
Router_kernel	Fa0/0	192.168.1.1/24	无
	Fa0/1	192.168.2.1/24	无
Switch_floorA	VLAN1	192.168.1.2/24	192.168.1.1
Switch_floorB	VLAN1	192.168.2.2/24	192.168.2.1
PC A	RJ45	192.168.1.10/24	192.168.1.1
PC B	RJ45	192.168.1.20/24	192.168.1.1
PC C	RJ45	192.168.2.10/24	192.168.2.1
PC D	RJ45	192.168.2.20/24	192.168.2.1

3.6　实验步骤

3.6.1　物理链路连接

按照图 3-7 所示,用实验提供的线缆连接各设备。

3.6.2　设备配置

步骤一:选择安装好超级终端的实验 PC,将 Console 电缆与路由器相连接,根据表 3-1配置路由器,配置如下:

Router＞enable

Router＃config terminal

Router(config)＃hostname Router_kernel

Router_kernel(config)＃interface fastethernet 0/0

Router_kernel(config-if)＃ip address 192.168.1.1 255.255.255.0

Router_kernel(config-if)＃no shutdown

Router_kernel(config-if)＃exit

Router_kernel(config)＃interface fastethernet 0/1

Router_kernel(config-if)＃ip address 192.168.2.1 255.255.255.0

Router_kernel(config-if)＃no shutdown

Router_kernel(config - if)♯end

Router_kernel♯copy running - config startup - config

利用 Show 命令查看路由信息,得到如下路由表:

Router_kernel♯show ip route

Codes：C - connected, S - static, I - IGRP, R - RIP, M - mobile, B - BGP

　　　　D - EIGRP, EX - EIGRP external, O - OSPF, IA - OSPF inter area

　　　　E1 - OSPF external type 1, E2 - OSPF external type 2, E - EGP

　　　　i - IS - IS, L1 - IS - IS level - 1, L2 - IS - IS level - 2, * - candidate default

　　　　U - per - user static route

Gateway of last resort is not set

C　　　192.168.1.0 is directly connected, FastEthernet0/0

C　　　192.168.2.0 is directly connected, FastEthernet0/1

以上说明系统自动产生了两条直联路由,配置成功。

步骤二：将 Console 电缆与交换机 A 相连接,根据表 3-1 配置交换机 A 的信息,配置如下：

Switch＞enable

Switch♯config terminal

Switch(config)♯hostname Switch_floor A

Switch_floorA(config)♯interface vlan1

Switch_floorA(config - if)♯ip address 192.168.1.2 255.255.255.0

Switch_floorA(config - if)♯no shutdown

Switch_floorA(config - if)♯exit

Switch_floorA(config)♯ip default - gateway 192.168.1.1

Switch_floorA(config)♯exit

Switch_floorA♯copy running - config startup - config

步骤三：将 Console 电缆与交换机 B 相连接,根据表 3-1 配置交换机 B 的信息,配置如下：

Switch＞enable

Switch♯config terminal

Switch(config)♯hostname Switch_floor B

Switch_floorB(config)♯interface vlan1

Switch_floorB(config - if)♯ip address 192.168.2.2 255.255.255.0

Switch_floorB(config - if)♯no shutdown

Switch_floorB(config - if)♯exit

Switch_floorB(config)♯ip default - gateway 192.168.2.1

Switch_floorB(config)♯exit

Switch_floorB♯copy running - config startup - config

步骤四：设置 4 台物理 PC 的 IP,根据表 3-1 配置信息进行配置。 如果是模拟器,则配置如下：

PC－A：

C：＞ipconfig /ip 192.168.1.10 255.255.255.0

C：＞ipconfig /dg 192.168.1.1

PC－B：

C：＞ipconfig /ip 192.168.1.20 255.255.255.0

C：＞ipconfig /dg 192.168.1.1

PC－C：

C：＞ipconfig /ip 192.168.2.10 255.255.255.0

C：＞ipconfig /dg 192.168.2.1

PC－D：

C：＞ipconfig /ip 192.168.2.20 255.255.255.0

C：＞ipconfig /dg 192.168.2.1

步骤五：在各台计算机上使用 Ping 命令对网络的连通性情况进行检查,并记录在表 3-2 中。

表 3-2　简单局域网组建测试结果

		所用命令	能否 Ping 通
同一网段	PC A－PC B		
	PC C－PC D		
不同网段	PC A－PC C		
	PC B－PC D		

3.7　小　结

通过本次实验,了解了局域网的基础、功能、拓扑结构、常用连接介质的组建原理,实践了思科(锐捷)交换机、路由器基本命令的配置,进一步理解了路由器、交换机的工作原理,初步了解简单局域网的组建方式及网络连通性测试的方法和测试命令的使用。

实验 4

虚拟局域网

4.1 实验目的

➤ 了解虚拟局域网的概念及作用。
➤ 掌握在一台交换机上划分 VLAN 的方法和跨交换机 VLAN 的配置方法。
➤ 掌握 Access 端口、Trunk 端口的作用及配置方法。
➤ 理解 VLAN 数据帧的格式、VLAN 标记添加和删除的过程。

4.2 实验内容

➤ 使用二层交换机进行组网,按拓扑图上的设备信息及表中的地址信息对设备做基本的配置。在一台交换机上划分 VLAN,用 Ping 命令测试在同一 VLAN 和不同 VLAN 中设备的连通情况。
➤ 配置 Trunk 端口,用 Ping 命令测试在同一 VLAN 和不同 VLAN 中设备的连通情况。

4.3 实验原理

4.3.1 VLAN 概述

VLAN(virtual local area network,VLAN)即虚拟局域网,是一种通过将局域网内的物理设备逻辑地划分成一个个网段从而实现虚拟工作组的新兴技术。IEEE 于 1999 年颁布了用标准化 VLAN 实现方案的 802.1Q 协议标准草案。

VLAN 技术允许网络管理者将一个物理 LAN 逻辑划分成不同的广播域(即 VLAN),每一个 VLAN 都包含一组有着相同需求的计算机工作站,与物理局域网有着相同的属性。由于它是逻辑连接而不是物理地划分,所以同一个 VLAN 内的各个工作站无需被放置在同一个物理空间里,即这些工作站不一定属于同一个物理网段。

如图 4-1 所示,一幢大楼内的三层楼 6 台电脑共用一台交换机,PC1、PC2 同一层楼,PC3、PC4 同一层楼,PC5、PC6 同一层楼,交换机安装在 2 楼。根据用户使用需求,两个 VLAN 间用户不能相互访问,则将用户划分为两个 VLAN,PC1、PC3、PC5 为 VLAN10,PC2、PC4、PC6 为 VLAN20。

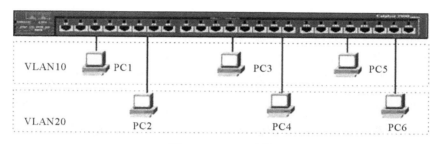

图 4-1   VLAN 功能

1. 广播域和冲突域

广播域、冲突域是思科公司在其网络培训教材中提出的概念,了解这两个概念对学习以太网的组建技术有很大帮助。

根据以太网采用的 CSMA/CD 工作原理,多个结点共享介质时,同一时间只能由其中一个结点发送数据帧,如果其他结点也发送了数据就会产生冲突,这几个结点就共同组成了一个冲突域。如果一个结点发送广播帧,其他结点都能收到,那么这几个结点就构成一个广播域。

冲突域是基于 OSI 参考模型第一层(物理层),广播域是基于 OSI 参考模型第二层(数据链路层)。HUB 的所有端口都在一个冲突域内,也同在一个广播域中;交换机的所有端口都在一个广播域内,但每个端口是一个冲突域,只有在划分 VLAN 之后才能分割广播域;ROUTER 的每个端口是一个冲突域也是一个广播域。

2. 特征及优点

同一个 VLAN 中的所有成员共同拥有一个 VLAN ID,组成一个虚拟局域网;同一个 VLAN 中的成员均能收到同一个 VLAN 中其他成员发送的广播包,但收不到其他 VLAN 中成员发来的广播包;不同 VLAN 成员之间不可直接通信,需通过三层交换机或路由器支持才能通信,而同一个 VLAN 中成员通过 VLAN 交换机可以直接通信,不需路由支持。

VLAN 将一组位于不同物理网段上的用户在逻辑上划分到一个局域网内,在功能和操作上与传统的 LAN 基本相同,可以实现一定范围内终端系统的互联。VLAN 与传统的 LAN 相比有如下优势:

➤ 限制广播包,提高带宽的利用率。一个 VLAN 就是一个逻辑广播域,通过对

VLAN 的创建,隔离了广播,缩小了广播范围,可以控制广播风暴的产生。

➤ 提高网络整体安全性。通过路由访问列表和 MAC 地址分配等 VLAN 划分原则,可以控制用户访问逻辑网段权限的大小,将不同用户群划分在不同的 VLAN 中,从而提高交换式网络的整体性能,增强通信的安全性和网络的健壮性。

➤ 网络管理简单、直观。对采用了 VLAN 技术的网络来说,一个 VLAN 可以根据部门职能、用户组或应用,将不同地理位置的网络用户划分为一个逻辑网段。在不改变网络物理连接的情况下,可以将工作站在工作组或子网之间任意地移动。利用 VLAN 技术,大大减轻了网络管理和维护工作的负担,降低了网络维护费用。在一个交换网络中,VLAN 提供了网段和机构的弹性组合机制。

4.3.2 VLAN 的划分

VLAN 划分的主要目的就是隔离广播域,在网络建设及设计时,可根据物理端口、MAC 地址、协议、IP 组等方法来确定这些广播域。下面是几种划分 VLAN 的方法。

1. 基于端口的 VLAN 划分

基于端口划分 VLAN 是通过网络管理员手工操作将端口分配给不同 VLAN,因而这种 VLAN 称为静态 VLAN。

静态 VLAN 的划分方法是最简单、是使用最广泛的一种划分方法。如将交换机的 1~4 号端口划入 VLAN10 中,5、8、9 三个端口划入 VLAN20 中,等等。当然,这些属于同一个 VLAN 的端口可以连续也可以不连续,如何配置由网络管理员根据网络需求决定。如果有多台交换机相连接时,可以将交换机 1 的任意端口和交换机 2 的任意端口划入同一个 VLAN,设置合适的端口模式,即同一个 VLAN 可以跨越数台交换机。

基于端口划分 VLAN 方法的优点是:在定义 VLAN 成员时非常简单,只要将所有的端口划分到指定的 VLAN 即可;缺点是:如果 VLAN 用户更改连接端口,就必须重新定义,一旦这种更改比较频繁,网络管理工作量就会变得很大。

要注意的是,交换机的每一个端口都可以被划分到一个 VLAN 中,但是交换机的一个端口不能同时被划分到两个或者两个以上的 VLAN 中。

2. 基于 MAC 地址的 VLAN 划分

基于 MAC 地址划分 VLAN 是根据终端用户设备的 MAC 地址来定义成员资格,当用户接入交换机端口时,该交换机必须查询它的数据库然后确定用户属于哪个 VLAN。

这种 VLAN 划分方法的最大优点是:当用户物理位置移动时,即从一台交换机换到其他的交换机时,VLAN 不用重新配置;缺点是:初始化时,所有用户都必须进行配置,在有几百个甚至上千个用户的情况下,配置将会相当复杂,所以这种划分方法通常用于小型局域网。而且这种划分的方法也导致了交换机执行效率的降低,因为每一个交换机的端口上都可能存在多个 VLAN 组成员,保存了许多用户的 MAC 地址,查询起来相当不容易。

3. 基于网络层协议的 VLAN 划分

按网络层协议划分 VLAN,可划分为基于 IP、IPX、AppleTalk 等网络协议的 VLAN。

这种按网络层协议组成的 VLAN,可使广播域跨越多个 VLAN 交换机。这对于希望针对具体应用和服务来组织用户的网络管理员来说是非常具有吸引力的。而且,用户可以在网络内部自由移动,VLAN 成员身份仍然保持不变。

这种 VLAN 划分方法的优点是:用户的物理位置改变了,不需要重新配置所属的 VLAN,而且可以根据协议类型来划分 VLAN,在使用过程中,它不需要附加的帧标签来识别 VLAN,因而减少了网络的通信量;缺点是:效率低,因为检查每一个数据包的网络层地址是需要消耗处理时间的(相对于前面两种方法),一般的交换机芯片都可以自动检查网络上数据包的以太网帧头,但要让芯片能检查 IP 帧头,需要更高的技术,同时也更费时。当然,这与各个厂商的实现方法有关。此方法在实际应用中很少用到。

4. 根据 IP 组播划分 VLAN

IP 组播实际上也是一种 VLAN 的定义,即认为一个 IP 组播分组就是一个 VLAN。这种划分的方法将 VLAN 扩大到了广域网,因此这种方法具有更大的灵活性,也很容易通过路由器进行扩展,主要适合于不在同一地理范围内的网络用户所组成的一个 VLAN,不适合局域网,主要原因是效率不高。

在上述四种分类方法中,除基于端口的 VLAN 划分方法为静态 VLAN 外,其他的几种划分方法均为动态 VLAN,对于终端用户来说具有更大的灵活性和可用性,但要求有更多管理方面的开销,一般较少使用。总结其优缺点,基于端口的 VLAN 是最普遍使用的方法之一,它也是目前所有交换机都支持的一种 VLAN 划分方法,只有少量交换机支持基于 MAC 地址的 VLAN 划分。

4.3.3　VLAN 帧标记协议

要将帧正确地转发到目的地,交换机必须能够正确识别帧的信息。这些帧可能来自不同的 VLAN,到达另外不同的 VLAN。为了区别这些帧,必须给帧加上标记,帧标记给在中继链路上传输的每个帧分配一个用户定义的唯一的 ID 值,这个 ID 可能是 VLAN 号或其他信息。目前在中继链路中有两种用于帧标记的协议,分别是 802.1Q 和 ISL。

1. IEEE 802.1Q

IEEE 802.1Q 是虚拟桥接局域网的正式标准,定义了同一个物理链路上承载多个子网数据流的方法。其主要内容为 VLAN 的架构、VLAN 技术提供的服务、VLAN 技术涉及的协议和算法。为了保证不同厂商生产的设备能互联互通,IEEE 802.1Q 标准严格规定了统一的 VLAN 帧格式以及其他重要参数。

如图 4-2 所示,从标准以太网帧和带有 IEEE 802.1Q 标记的以太网帧两种帧格式可以看到,VLAN 帧在标准以太网帧的源 MAC 地址后面增加了 4 字节的 TAG 标签头。这4 字节的 IEEE 802.1Q 标签头包含了 2 字节的标签协议标识(TPID)和 2 字节的标签控制信息(TCI)。TPID(tag protocol identifier)是 IEEE 定义新的类型,表明这是一个加了 IEEE 802.1Q 标签的帧,包含了一个固定的十六进制值 0x8100。TCI(tag control information)包含的是帧的控制信息,它包含下面的一些元素:

➤　Priority:占用 3 bit,这 3 位指明帧的优先级,一共有 8 种优先级,分别是 0~7。

➤ CFI(canonical format indicator)：占用 1 bit。如果 CFI 值为 0 则说明此帧采用的是规范帧格式，1 为非规范帧格式。它被用在令牌环和源路由 FDDI 介质访问方法中用来指示封装帧所带地址的比特次序信息。

➤ VLAN ID(VLAN identified)：占用 12 bit。指明 VLAN 的 ID，范围是 0～4095 共 4096 个，每个支持 IEEE 802.1Q 协议的交换机发送出来的数据包都会包含这个标签，以指明所发送数据包所属的 VLAN 信息。

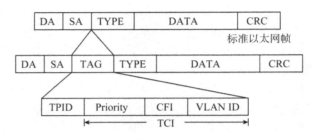

图 4-2   以太网帧格式及 VLAN 帧格式

2. ISL

ISL(inter switch link)是指交换机间的链路。完成的目标功能与 IEEE 802.1Q 基本相同，但使用的帧格式不同，它是 Cisco 公司的私有的封装格式，因而仅在 Cisco 设备上得到支持。

ISL 是在原有的帧上再添加一个 26 B 的帧头和 4 B 的帧尾。帧头包含了 VLAN 信息，用 10 bit 标识 VLAN ID，最多可标识 1024 个不同的 VLAN。帧尾中包含循环校验码 CRC，以保证新帧的数据完整性。ISL 主要用在以太网交换机之间、交换机和路由器之间以及交换机和安装了 ISL NIC 的主机之间。

4.3.4   VLAN Trunk 协议

VLAN Trunk Proctol 即 VTP 协议，它是 VLAN 中继协议，用来配置和管理整个 VLAN 交换网络。VTP 可控制网络范围内 VLAN 的添加、删除和重命名，以实现 VLAN 配置的一致性。VTP 减少了交换网络中的管理事务，负责在 VTP 域内同步 VLAN 信息，这样就不必在每个交换机上配置相同的 VLAN 信息，当管理员需要增加 VLAN 时，可在 VTP 服务器上配置新的 VLAN，通过域内交换机分发 VLAN。

VTP 协议工作在 OSI 参考模型的第二层（数据链路层），它是 Cisco 专用协议，其他产品无此功能，不能通用，Cisco 大多数交换机都支持该协议。

1. VTP 工作域及优点

VTP 工作域也称 VLAN 管理域，由一个以上共享 VTP 域名相互连接的交换机组成。要使用 VTP，就必须为每台交换机指定 VTP 域名。VTP 信息只能在 VTP 域内保持，一台交换机属于并且只能属于一个 VTP 域。如果在 VTP 服务器上进行了 VLAN 配置变更，所做的修改会传播到 VTP 域内的所有交换机上。域内的每台交换机不论是通过配置实现还是由交换机自动获得，都必须使用相同的 VTP 域名。

VTP 协议具有如下一些优点：

➤ 在网络中的所有交换机上实现 VLAN 配置的一致性。

➤ 允许 VLAN 在混合式网络上进行中继。

➤ 对 VLAN 进行精确跟踪和监控。

➤ 将所添加的 VLAN 动态报告传给 VTP 域中的所有交换机。

➤ 添加 VLAN 时即插即用。

2. VTP 工作模式

VTP 工作模式有三种，分别是：服务器模式（server mode）、客户机模式（client mode）和透明模式（transparent mode）。交换机可工作于任意一种模式下。

➤ 服务器模式。VTP 服务器控制着它们所在域中 VLAN 的添加、创建和修改。所有的 VTP 信息都被通告到本域中的其他交换机上，而且所有这些 VTP 信息都被其他交换机同步接收。对于 Cisco Catalyst 交换机来说，服务器模式是默认的工作模式。

➤ 客户机模式。VTP 客户机不允许管理员创建、修改和删除 VLAN。它们监听本域中其他交换机的 VTP 通告，并相应地修改它们的 VTP 配置情况。

➤ 透明模式。VTP 透明模式中的交换机不参与 VTP。当交换机处于透明模式时，它不通告其 VLAN 配置信息。而且它的 VLAN 数据库更新与收到的通告也不保持同步。但它可创建和删除本地的 VLAN，不过这些 VLAN 变更不会传播到其他交换机上。

表 4-1 描述了三种 VTP 工作模式之间的比较信息。

表 4-1　VTP 工作模式比较

功能	服务器模式	客户机模式	透明模式
提供 VTP 消息	√	√	×
监听 VTP 消息	√	√	×
添加、创建、修改 VLAN	√	×	√（本地有效）
记忆 VLAN	√	不同版本结果不同	√（本地有效）

4.3.5　VLAN 间通信

VLAN 间通信主要使用路由技术来实现。当计算机属于不同的 VLAN（不同的广播域）时，此类计算机之间无法交换广播报文。因此，属于不同 VLAN 的计算机之间无法直接相互通信。为了能在 VLAN 间通信，需要利用 OSI 参考模型的更高一层，即网络层 IP 来进行路由，在目前的网络互连设备中，能完成路由功能的设备主要有路由器和三层及三层以上的交换机。

➤ 使用路由器实现 VLAN 间通信。使用路由器实现 VLAN 间通信时，路由器与交换机的连接方式有两种：一种是通过路由器的不同物理接口与交换机上的每个 VLAN 相连，这种方式的优点是管理简单，缺点是不便于扩展；每增加一个新的 VLAN 时，都需要消耗路由器的端口和交换机上的访问连接,增加了开销。另一种是通过路由器逻辑子接口的方式实现,此方式容易实现且成本低,但路由配置复杂。此方法将在单臂路由实验中详细讲解。

➢ 使用三层及以上交换机实现 VLAN 间的通信。三层及以上交换机中集成了路由功能,用三层交换机代替路由器实现 VLAN 间通信的方式有两种:一种是启用交换机的路由功能,其实现方法可采用以上介绍的任何一种路由器工作方式;另一种是利用某些高端交换机所支持的专用 VLAN 功能来实现 VLAN 间的通信。目前市场上有许多三层及以上的交换机都支持这些功能,使用三层及以上交换机进行 VLAN 间路由将在下一实验中详细介绍。

4.3.6　VLAN 端口的分类

根据交换机处理 VLAN 数据帧的不同,可将交换机的端口分为两类:一类 Access 端口,它只能传送标准以太网帧;另一类是 Trunk 端口,它既可传送有 VLAN 标签的数据帧,也可以传送标准以太网帧。

➢ Access 端口:用于连接不支持 VLAN 技术的终端设备端口或不使用 VLAN 技术中继的终端设备,这些端口接收到的数据帧不包含 VLAN 标签,而向外发送的数据帧也不包含 VLAN 标签。

➢ Trunk 端口:用来连接支持 VLAN 技术的网络设备端口,这些端口接收到的数据帧都包含 VLAN 标签(数据帧 VLAN ID 和端口缺省的 VLAN ID 相同的除外),而向外发送的数据帧必须保证接收端能够区分不同 VLAN 的数据帧,故常需要添加 VLAN 标签。

4.4　实验环境与设备

➢ Cisco 2950 或 RG2126G 交换机 2 台、已安装操作系统的 PC 机 4 台。
➢ Console 电缆 1 条、1.5 m 按 568B 方式制作的双绞线 5 条。
➢ 每组 4 位同学,各操作 1 台 PC,协同实验。

4.5　实验组网

实验测试拓扑结构如图 4-3 和图 4-4 所示,图中各设备地址的配置如表 4-2 和表 4-3 所示。

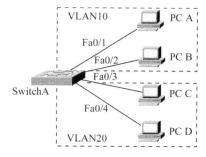

图 4-3　VLAN 基本配置组网

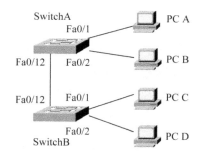

图 4-4　Trunk 端口测试组网

表 4-2　VLAN 基本配置设备信息

设备名	接口	IP 信息	
		IP 地址	网关
SwitchA	VLAN1	192.168.1.2/24	192.168.1.1/24
PC A	RJ45	192.168.1.11/24	192.168.1.1/24
PC B	RJ45	192.168.1.12/24	192.168.1.1/24
PC C	RJ45	192.168.2.11/24	192.168.2.1/24
PC D	RJ45	192.168.2.12/24	192.168.2.1/24

表 4-3　Trunk 端口配置设备信息

设备名	端口	IP 信息	
		IP 地址	网关
SwitchA	VLAN1	192.168.1.2/24	192.168.1.1/24
SwitchB	VLAN1	192.168.1.3/24	192.168.1.1/24
PC A	RJ45	192.168.1.11/24	192.168.1.1/24
PC B	RJ45	192.168.2.11/24	192.168.2.1/24
PC C	RJ45	192.168.1.12/24	192.168.1.1/24
PC D	RJ45	192.168.2.12/24	192.168.2.1/24

4.6　实验步骤

4.6.1　VLAN 基本配置

步骤一：按照图 4-3 所示，用实验提供的线缆连接好设备。

步骤二：按照表 4-2 配置交换机名及各设备的 IP 信息，交换机的配置过程如下：

```
Switch#config terminal
Switch(config)#hostname Switch A
SwitchA(config)#interface vlan1
SwitchA(config-if)#ip address 192.168.1.2 255.255.255.0
SwitchA(config-if)#no shutdown
SwitchA(config-if)#exit
SwitchA(config)#vlan10                              //创建 VLAN
SwitchA(config-vlan)#exit
SwitchA(config)#vlan 20
SwitchA(config-vlan)#exit
SwitchA(config)#interface range fastEthernet 0/1-2    //配置连续端口
SwitchA(config-if-range)#switchport mode access
                                     //配置端口为 ACCESS 端口
SwitchA(config-if-range)#switchport access vlan10
                                     //将端口加入 VLAN10 中
SwitchA(config-if-range)#exit
SwitchA(config)#interface range fastEthernet 0/3-4
SwitchA(config-if-range)#switchport mode access
SwitchA(config-if-range)#switchport access vlan 20
SwitchA(config-if-range)#end
SwitchA#show vlan                                   //验证 VLAN 配置是否成功
```

VLAN	Name	Status	Ports
1	default	active	Fa0/5，Fa0/6，Fa0/7，Fa0/8
			Fa0/9，Fa0/10，Fa0/11，Fa0/12
			Fa0/13，Fa0/14，Fa0/15，Fa0/16
			Fa0/17，Fa0/18，Fa0/19，Fa0/20
			Fa0/21，Fa0/22，Fa0/23，Fa0/24
			Gi0/1，Gi0/2
10	VLAN0010	active	Fa0/1，Fa0/2
20	VLAN0020	active	Fa0/3，Fa0/4
1002	fddi-default	act/unsup	
1003	token-ring-default	act/unsup	
1004	fddinet-default	act/unsup	
1005	trnet-default	act/unsup	

　　观察 VLAN 信息表,检查实验所需要的 VLAN 及各 VLAN 所对应的端口是否正确。

　　步骤三：PC A、PC B 属 VLAN10,PC C、PC D 属 VLAN20,现对同一 VLAN 间设备进行测试(如 PC A Ping PC B)和不同 VLAN 间设备进行测试(如 PC A Ping PC C),详细的测试过程如表 4-4 所示。

表 4-4　VLAN 基本配置测试结果

		所用命令	结果
同一网段	PC A—PC B		
	PC C—PC D		
不同网段	PC A—PC C		
	PC A—PC D		
	PC B—PC C		
	PC B—PC D		
	PC A—SwitchA		
	PC C—SwitchA		

4.6.2　Trunk 配置

步骤一：按照图 4-4 所示，用实验提供的线缆连接好各设备。

步骤二：按照表 4-3 配置交换机名及 PC 的 IP 信息，交换机的配置过程如下：

交换机 A：

```
Switch#config terminal
Switch(config)#hostname SwitchA
SwitchA(config)#interface vlan1
SwitchA(config-if)#ip address 192.168.1.2 255.255.255.0
SwitchA(config-if)#no shutdown
SwitchA(config-if)#exit
SwitchA(config)#vlan10                              //创建 VLAN
SwitchA(config-vlan)#exit
SwitchA(config)#vlan20
SwitchA(config-vlan)#exit
SwitchA(config)#interface fastEthernet 0/1          //进入端口模式
SwitchA(config-if)#switchport mode access           //配置端口为 ACCESS 端口
SwitchA(config-if)#switchport access vlan10          //将端口加入 VLAN10 中
SwitchA(config-if)#exit
SwitchA(config)#interface fastEthernet 0/2
SwitchA(config-if)#switchport mode access
SwitchA(config-if)#switchport access vlan20
SwitchA(config-if)#exit
SwitchA(config)#interface fastEthernet 0/12
SwitchA(config-if)#switchport mode trunk
SwitchA(config-if)#switchport trunk allowed vlan all  //允许所有 VLAN 通过
```

SwitchA(config - if)♯end

SwitchA♯show vlan

VLAN	Name	Status	Ports
1	default	active	Fa0/3，Fa0/4，Fa0/5，Fa0/6
			Fa0/7，Fa0/8，Fa0/9，Fa0/10
			Fa0/11，Fa0/12，Fa0/13，Fa0/14
			Fa0/15，Fa0/16，Fa0/17，Fa0/18
			Fa0/19，Fa0/20，Fa0/21，Fa0/22
			Fa0/23，Fa0/24，Gi0/1，Gi0/2
10	VLAN0010	active	Fa0/1
20	VLAN0020	active	Fa0/2
1002	fddi - default	act/unsup	
1003	token - ring - default	act/unsup	
1004	fddinet - default	act/unsup	
1005	trnet - default	act/unsup	

交换机 B：

Switch♯config terminal

Switch(config)♯hostname SwitchB

SwitchB (config)♯interface vlan1

SwitchB (config - if)♯ip address 192. 168. 1. 3 255. 255. 255. 0

SwitchB (config - if)♯no shutdown

SwitchB (config - if)♯exit

SwitchB (config)♯vlan10   //创建 VLAN

SwitchB (config - vlan)♯exit

SwitchB (config)♯vlan20

SwitchB (config - vlan)♯exit

SwitchB (config)♯interface fastEthernet 0/1   //进入端口模式

SwitchB (config - if)♯switchport mode access   //配置端口为 ACCESS 端口

SwitchB (config - if)♯switchport access vlan10   //将端口加入 VLAN10 中

SwitchB (config - if)♯exit

SwitchB (config)♯interface fastEthernet 0/2

SwitchB (config - if)♯switchport mode access

SwitchB (config - if)♯switchport access vlan20

SwitchB (config - if)♯exit

SwitchB (config)♯interface fastEthernet 0/12

SwitchB (config - if)♯switchport mode trunk

SwitchB (config - if)♯switchport trunk allowed vlan all

                                    //允许所有 VLAN 通过

SwitchB（config－if）＃end

SwitchB＃show vlan

VLAN	Name	Status	Ports
1	default	active	Fa0/3，Fa0/4，Fa0/5，Fa0/6
			Fa0/7，Fa0/8，Fa0/9，Fa0/10
			Fa0/11，Fa0/12，Fa0/13，Fa0/14
			Fa0/15，Fa0/16，Fa0/17，Fa0/18
			Fa0/19，Fa0/20，Fa0/21，Fa0/22
			Fa0/23，Fa0/24，Gi0/1，Gi0/2
10	VLAN0010	active	Fa0/1
20	VLAN0020	active	Fa0/2
1002	fddi－default	act/unsup	
1003	token－ring－default	act/unsup	
1004	fddinet－default	act/unsup	
1005	trnet－default	act/unsup	

观察 VLAN 信息表,检查实验所需要的 VLAN 及各 VLAN 所对应的端口是否正确。端口 F0/12 为 Trunk,但它是 VLAN1 的 Access 端口。

步骤三:PC A、PC C 属 VLAN10,PC B、PC D 属 VLAN20,两台交换机通过 F0/12 利用 Trunk 端口模式连接,现对同一 VLAN 间设备的 Ping 测试(如 PC A Ping PC C)和不同 VLAN 间设备进行 Ping 测试(如 PC A Ping PC B),详细的测试过程如表 4-5 所示。

表 4-5　Trunk 端口配置测试结果

		所用命令	结果
同一网段	PC A－PC C		
	PC B－PC D		
	SwitchA－SwitchB		
不同网段	PC A－PC B		
	PC A－PC D		
	PC B－PC C		
	PC B－PC D		
	PC A－SwitchA		
	PC A－SwitchB		

思考:在此实验中,交换机的哪些端口在同一冲突域中,哪些端口在同一个广播域中? F0/12 为什么只在 VLAN1 中? 交换机 A 与交换机 B 为什么能互相 Ping 通,而与其他 PC 机不能 Ping 通?

4.7 小 结

通过本次实验,实践了在 1 台交换机中划分多个 VLAN,并用 Ping 命令测试在同一 VLAN 和不同 VLAN 中设备的连通性,验证了交换机上划分 VLAN 的作用,理解了 Trunk 端口、Access 端口的作用,并通过在 2 台交换机上划分 VLAN 对 Trunk、Access 端口模式的功能进行了验证。进一步理解了 IEEE 802.1Q 协议中所规定的 VLAN 的基本原理。

实验 5

三层交换实现 VLAN 间通信

5.1 实验目的

➤ 熟悉三层交换机的原理及不同 VLAN 间通信的过程。
➤ 掌握通过三层交换机实现 VLAN 间通信的设备配置方法。

5.2 实验内容

使用二、三层交换机进行组网,在 VLAN 实验的基础上进一步配置,利用交换机的三层功能,实现 VLAN 间的路由,采用 Ping 命令测试在同一 VLAN 和不同 VLAN 中设备的连通性。

5.3 实验原理

5.3.1 概述

三层交换技术也称多层交换技术、IP 交换技术,是相对于传统交换概念而提出的。传统的交换技术是在 OSI 网络标准模型中的第二层(即数据链路层)进行工作,而三层交换技术是在 OSI 中的第三层(即网络层)实现数据包的高速转发。简单地说,三层交换技术就是二层交换与三层转发技术的有机结合。

5.3.2 原理及优点

1. 原理

三层交换是在网络交换机中引入路由模块而取代传统路由器实现交换与路由技术有机结合的一种网络技术。它根据实际应用情况,在网络第二层或者第三层进行灵活的分段。具有三层交换功能的设备,是一个带有第三层路由功能的第二层交换机,但它是两者的有机结合,并不是简单地把路由器设备的硬件及软件叠加在二层交换机上。

三层交换机的设计基于对 IP 路由过程的详细分析,把 IP 路由中每个报文都必须经过转发的过程提取出来,这个过程是十分简化的过程。IP 路由中绝大多数报文是不包含选项的报文,因此在多数情况下不需要处理报文的 IP 选项工作。不同网络的报文长度是不同的,为了适应不同的网络,IP 要实现报文分片功能,但是在全以太网的环境中,网络的帧长度是固定的,因此报文分片工作也可省略。而三层交换技术没有采用路由器的最长地址掩码匹配的方法,它使用了精确地址匹配的方法进行处理,有利于硬件实现快速查找。

三层交换机在转发数据包时,与路由器相比效率有很大提高,因为它采用了一次路由多次交换的转发技术,即同一数据流,只需要分析首个数据包的 IP 地址信息,进行路由查找等。完成第一个数据包的转发后,三层交换机会在二层通信上建立快速转发映射,当同一数据流的下一个数据包到达时,直接按照快速转发映射进行转发,从而省略了绝大部分数据包三层包头信息的分析处理,提高了转发效率,其数据包转发如图 5-1 所示。

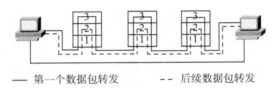

—— 第一个数据包转发   – – 后续数据包转发

图 5-1 三层交换机数据转发

每个 VLAN 对应一个 IP 网段。在二层通信过程中,VLAN 之间是隔离的,这点跟二层交换机中交换引擎的功能相同。不同 IP 网段之间的访问要跨越 VLAN,需使用三层转发引擎提供 VLAN 间的路由功能。在使用二层交换机和路由器组网的过程中,每个需要与其他 IP 网段通信的 IP 网段都需要使用一个路由器接口作为网关。而第三层转发引擎就相当于传统组网中的路由器,当需要与其他 VLAN 通信时,也要在三层交换引擎上分配一个路由接口,用来做 VLAN 的网关。三层交换机上的这个路由接口在三层转发引擎和二层转发引擎上,通过转发芯片来实现,与路由器的接口不同,它是不可见的。

2. 优点

交换技术提供网络的基本业务有交换虚电路、永久虚电路及其他补充业务,如用户群、网络用户识别等;在端到端计算机之间通信时,能进行路由选择以及流量控制,并能提供多种通信规程如数据转发、维护运行、故障诊断、计费与网络的统计功能等。三层交换技术除了优异的性能之外,其中的关键设备三层交换机相对于传统的二层交换机还有更优异的特性,这些特性可以给局域网、城域网等网络建设带来更多优势。

　　➤　扩充性高。三层交换机在连接多个子网时,子网只是与第三层交换模块建立逻辑连接,不像传统外接路由器那样需要增加端口,而是预留各种扩展模块接口,在网络扩展时,可以插上模块来扩充,从而保护了用户对网络设备的投资,并满足网络不断扩充的需要。

　　➤　性价比高。三层交换机具有连接大型网络的能力,基本上可以取代大部分传统路由器的功能,但是价格比传统路由器低,仅接近二层交换机。

　　➤　兼容性好。在局域网中,三层交换机能够支持 IP 协议、IPX 协议等多种协议,基本上可以满足当前用户要求,对于路由协议需要仔细选择,既要考虑是否支持 RIP 这类小型网络的路由协议,也要考虑是否支持 OSPF 这类大中型网络适用的路由协议。同时,三层交换机在大中型网络中也有 IEEE 802.1d 协议(spanning tree,生成树)的支持,从而能保证网络的健壮性。

　　➤　安全性高。在网络中,对于所传输的数据包,出于安全考虑,设置多条规则对数据进行过滤,确保只有符合规则的数据包才能通过第三层交换机。由于不同 VLAN 间的通信及数据传输都要经过交换机,交换机可以采取各种安全限制手段,而且现在的三层交换机支持访问控制列表 ACL(access control list),能线速地过滤转发所有数据包。

5.3.3　分类

　　三层交换机根据其处理数据的不同可以分为纯硬件三层交换机和纯软件三层交换机两大类。

1. 纯硬件三层交换机

　　纯硬件三层交换机相对来说技术复杂、成本高,但是速度快、性能好,带负载能力强。其原理是采用 ASIC 芯片,采用硬件的方式进行路由表的查找和刷新(见图 5-2)。

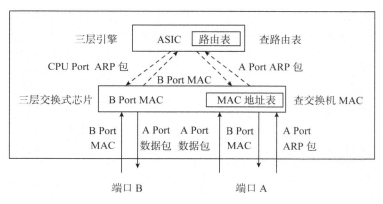

图 5-2　纯硬件三层交换机原理

　　当数据由端口接口芯片接收进来以后,首先在二层交换芯片中查找相应的目的 MAC 地址,如果查到就进行二层转发,否则将数据送至三层引擎。在三层引擎中,ASIC 芯片查找相应的路由表信息,与数据转发的目的 IP 地址进行比对,然后发送 ARP 数据包到目的主机,得到该主机的 MAC 地址,将 MAC 地址发送到二层芯片,由二层芯片转发该数据包。

2. 纯软件三层交换机

基于软件的三层交换机技术较简单,但速度较慢,不适合作为主干。其原理是采用
CPU 计算程序软件的方式查找路由表。如图 5-3 所示。

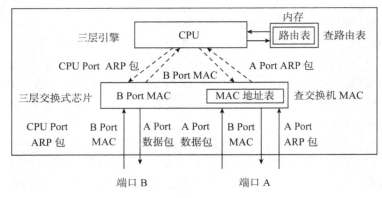

图 5-3　纯软件三层交换机原理

当数据由接口芯片接收进来以后,首先在二层交换芯片中查找相应的目的 MAC 地
址,如果查到就进行二层转发,否则就将数据送至 CPU。CPU 查找相应的路由表信息,与
数据包目的 IP 地址进行比对,然后发送 ARP 数据包到目的主机得到该主机的 MAC 地
址,将 MAC 地址发送到二层芯片中,由二层芯片转发该数据包。因为低价 CPU 处理速
度较慢,因此这种三层交换机处理速度较慢。

5.3.4　三层交换技术的应用

三层交换机的主要用途是代替传统路由器作为网络的核心。因此,凡是没有广域网
连接需求,同时又需要路由器的地方,都可用三层交换机来取代。在企业网、校园网等园
区网中,一般会将三层交换机用在网络的核心层,用三层交换机上的万兆端口、千兆端口
或百兆端口连接不同的子网或 VLAN。这样的网络结构相对简单,结点数相对较少;另
外,也需要较多的控制功能,并且成本较低。

5.4　实验环境与设备

➤　Cisco 2950 或 RG2126G 二层交换机 1 台、Cisco 3550 或 RG3550 三层交换机 1
台、已安装操作系统的 PC 机 4 台。

➤　Console 电缆 1 条、1.5 m 按 568B 方式制作的双绞线 5 条。

➤　每组 4 位同学,各操作 1 台 PC,协同实验。

5.5　实验组网

实验组网拓扑结构如图 5-4 所示，IP 地址配置信息如表 5-1 所示。

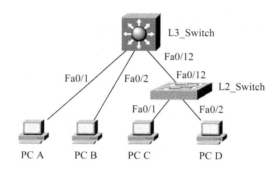

图 5-4　VLAN 间通信配置组网

表 5-1　VLAN 间通信配置设备信息表

设备名	端口	VLAN	端口模式	IP 信息	
				IP 地址	网关
L3_Switch	Fa0/1	VLAN10	Access	无	无
	Fa0/2	VLAN20	Access	无	无
	Fa0/12	VLAN1/10/20	Access/Trunk	无	无
	VLAN1	VLAN1	无	192.168.9.1/24	无
	VLAN10	VLAN10	无	192.168.10.1/24	无
	VLAN20	VLAN20	无	192.168.20.1/24	无
L2_Switch	Fa0/1	VLAN10	Access	无	无
	Fa0/2	VLAN20	Access	无	无
	Fa0/12	VLAN1/10/20	Access/Trunk	无	无
	VLAN1	VLAN1	无	192.168.9.2/24	192.168.9.1
PC A	RJ45	VLAN10	无	192.168.10.2/24	192.168.10.1
PC B	RJ45	VLAN20	无	192.168.20.2/24	192.168.20.1
PC C	RJ45	VLAN10	无	192.168.10.3/24	192.168.10.1
PC D	RJ45	VLAN20	无	192.168.20.3/24	192.168.20.1

5.6　实验步骤

步骤一：按照图 5-4 所示，用实验提供的线缆连接设备。
步骤二：按照表 5-1 配置各实验设备的 IP 信息。
步骤三：交换机的配置。
三层交换机：

Switch#config terminal
Switch(config)#hostname L3_Switch
L3_Switch(config)#interface vlan1
L3_Switch(config-if)#ip address 192.168.9.1 255.255.255.0
L3_Switch(config-if)#no shutdown
L3_Switch(config-if)#end
L3_Switch#vlan database
L3_Switch(vlan)#vlan10
L3_Switch(vlan)#vlan20
L3_Switch(vlan)#exit
L3_Switch#config terminal
L3_Switch(config)#interface vlan10
L3_Switch(config-if)#ip address 192.168.10.1 255.255.255.0
L3_Switch(config-if)#no shutdown
L3_Switch(config-if)#exit
L3_Switch(config)#interface vlan20
L3_Switch(config-if)#ip address 192.168.20.1 255.255.255.0
L3_Switch(config-if)#no shutdown
L3_Switch(config-if)#exit
L3_Switch(config)#interface fastethernet 0/1
L3_Switch(config-if)#switchport mode access
L3_Switch(config-if)#switchport access vlan10
L3_Switch(config-if)#exit
L3_Switch(config)#interface fastethernet 0/2
L3_Switch(config-if)#switchport mode access
L3_Switch(config-if)#switchport access vlan20
L3_Switch(config-if)#exit
L3_Switch(config)#interface fastethernet 0/12
L3_Switch(config-if)#switchport mode trunk

L3_Switch(config-if)♯switchport trunk allowed vlan all

L3_Switch(config-if)♯exit

L3_Switch(config)♯ip routing

L3_Switch(config)♯exit

L3_Switch♯copy running-config startup-config

检查路由表,是否生成路由:

L3_Switch♯show ip route

Codes:C-connected,S-static,I-IGRP,R-RIP,M-mobile,B-BGP

　　　D-EIGRP,EX-EIGRP external,O-OSPF,IA-OSPF inter area

　　　N1-OSPF NSSA external type 1,N2-OSPF NSSA external type 2

　　　E1-OSPF external type 1,E2-OSPF external type 2,E-EGP

　　　i-IS-IS,L1-IS-IS level-1,L2-IS-IS level-2,ia-IS-IS inter area

　　　*-candidate default,U-per-user static route,o-ODR

　　　P-periodic downloaded static route

Gateway of last resort is not set

C　　　192.168.10.0/24 is directly connected,VLAN10

C　　　192.168.20.0/24 is directly connected,VLAN20

C　　　192.168.9.0/24 is directly connected,VLAN1

说明系统自动产生了直联路由,IP routing 启用配置成功。

二层交换机:

Switch♯config terminal

Switch(config)♯hostname L2_Switch

L2_Switch(config)♯interface vlan1

L2_Switch(config-if)♯ip address 192.168.9.2 255.255.255.0

L2_Switch(config-if)♯no shutdown

L2_Switch(config-if)♯exit

L2_Switch(config)♯ip default-gateway 192.168.9.1

L2_Switch(config)♯vlan10

L2_Switch(config-vlan)♯exit

L2_Switch(config)♯vlan20

L2_Switch(config-vlan)♯exit

L2_Switch(config)♯interface fastEthernet 0/1

L2_Switch(config-if)♯switchport mode access

L2_Switch(config-if)♯switchport access vlan10

L2_Switch(config-if)♯exit

L2_Switch(config)♯interface fastEthernet 0/2

L2_Switch(config-if)♯switchport mode access

L2_Switch(config-if)♯switchport access vlan20

```
L2_Switch(config - if)♯exit
L2_Switch(config)♯interface fastEthernet 0/12
L2_Switch(config - if)♯switchport mode trunk
L2_Switch(config - if)♯switchport trunk allowed vlan all
L2_Switch(config - if)♯end
L2_Switch♯copy running - config startup - config
```

检查 VLAN 配置：

```
L2_Switch♯show vlan
VLAN      Name                Status        Ports
1         default             active        Fa0/3，Fa0/4，Fa0/5，Fa0/6
                                            Fa0/7，Fa0/8，Fa0/9，Fa0/10
                                            Fa0/11，Fa0/12，Fa0/13，Fa0/14
                                            Fa0/15，Fa0/16，Fa0/17，Fa0/18
                                            Fa0/19，Fa0/20，Fa0/21，Fa0/22
                                            Fa0/23，Fa0/24，Gi0/1，Gi0/2
10        VLAN0010            active        Fa0/1
20        VLAN0020            active        Fa0/2
1002      fddi - default      act/unsup
1003      token - ring - default  act/unsup
1004      fddinet - default   act/unsup
1005      trnet - default     act/unsup
```

观察 VLAN 信息表，检查实验所需要的 VLAN 及各 VLAN 所对应的端口是否正确。端口 F0/12 为 Trunk，但它是 VLAN1 的 Access 端口。

步骤四：PC A、PC C 属 VLAN10，PC B、PC D 属 VLAN20，各 VLAN 网关设在 L3_Switch 上，两台交换机通过 F0/12 利用 Trunk 端口模式连接，现对同一 VLAN 间设备的测试和不同 VLAN 间设备进行测试，详细的测试如表 5-2 所示。

表 5-2　测试结果

		所用命令	结果
同一网段	PC A—PC C		
	PC B—PC D		
	L3_Switch — L2_Switch		
不同网段	PC A—PC B		
	PC A—PC D		
	PC B—PC C		
	PC B—PC D		
	PC A—L3_Switch		
	PC A—L2_Switch		

5.7　小　结

　　通过本次实验，掌握了三层交换机的交换原理及分类，实践了在交换机中配置各接口 IP 地址，启用了三层交换机的路由功能，实现了 VLAN 间的路由，并用 Ping 命令测试在同一 VLAN 和不同 VLAN 中设备的连通性，验证了三层交换机上路由的作用，加深了对三层交换机的理解。

实验 6

交换机、路由器操作系统的升级与修复

6.1 实验目的

➤ 熟悉交换机、路由器的结构。
➤ 掌握通过 Xmodem、TFTP 方式升级与修复交换机及路由器操作系统的方法。

6.2 实验内容

分别利用 Xmodem、TFTP 两种方法将实验交换机和路由器的操作系统升级到实验所要求的版本。

6.3 实验原理

6.3.1 什么是 IOS

IOS(internetworking operating system-cisco,网络设备操作系统),可以被视作一个网际互连中枢,负责管理和控制复杂的分布式网络资源的功能。交换机、路由器的操作系统功能可以理解为个人 PC 的操作系统,两者的功能相似,负责解决人机交互的问题。其功能升级可以通过升级操作系统的版本来实现,一般情况下,厂家在提供新的操作系统功能后对外发布最新版本的操作系统文件(也称为映像文件),用户下载后安装到相应型号的设备即可。升级系统的目的在于更新和充分利用设备的扩展功能,通过升级操作系统版本来弥补原来的一些漏洞和不足。在使用过程中,根据厂家对设备功能的开发要求对旧版本操作系统进行相应的升级,或者在遇到操作系统映像文件被损坏、被误删除造成交换机不能正常工作时,需要通过重写操作来恢复系统。

6.3.2　升级或修复 IOS 的方法

升级或修复 IOS 的方法有 3 种：Xmodem、TFTP 和 FTP,但前面两种比较常用。在实验室升级网络设备的操作系统比较简单,风险只存在于实验网络,但在生产网络中升级 IOS 的风险是无处不在的。在高端设备的升级中,很有可能会发生一些意想不到的现象,比如,用 TFTP 传输大容量 IOS 时会出现传输不成功的问题,这是因为 TFTP 普通文件传输协议最大只支持传输 32 MB 的文件,而部分设备的 IOS 超过了这个限制,所以需要采用 FTP 传输方式进行升级。

1. Xmodem

Xmodem 协议是最早出现的两台计算机间通过 RS232 异步串口进行文件传输的通信协议标准,相对于 Ymodem、Zmodem 等其他文件传送协议来说,Xmodem 协议实现简单,适合于那些存储器有限的场合。

Xmodem 文件发送方将文件分解成 128 字节的定长数据块,每发送一个数据块,等待对方应答后才发送下一个数据块,数据校验采用垂直累加和校验,也可以采用 16 位的 CRC 校验。其属于简单 ARQ(自动请求重发)协议,所以也适合于 2 线制半双工的 RS485 网络中使用。采用 Xmodem 来升级网络设备的缺点是传输速度过慢。

2. TFTP

TFTP(trivial file transfer protocol,简单文件传输协议)是 TCP/IP 协议集中用来在客户机与服务器之间进行简单文件传输的协议,提供不复杂、开销不大的文件传输服务。TFTP 承载在 UDP 上,提供不可靠的数据流传输服务,不提供存取授权与认证机制,使用超时重传方式来保证数据的传递。

可以从它的名称上看出,它适合传送“简单”的文件。与 FTP 不同的是,TFTP 使用 UDP 的 69 接口,因此它可以穿越许多防火墙。不过它也有传送不可靠、没有密码验证等缺点。虽然如此,它还是非常适合传送小型文件,比如网络设备 IOS 文件的升级。

6.4　实验环境与设备

➤　Cisco 2950 或 RG2126G 二层交换机 1 台、Cisco 2612 或 RG1762 路由器 1 台、已安装操作系统的 PC 机 1 台。

➤　Console 电缆 1 条、1.5 m 按 568B 方式制作的双绞线 1 条。

➤　待升级 IOS 文件 RG2126G. bin、RG1762. bin。

➤　每组 1 位同学,操作 PC,进行实验。

6.5   实验组网

交换机、路由器操作系统的升级连接如图 6-1 和图 6-2 所示，设备配置信息如表 6-1 和表 6-2 所示。

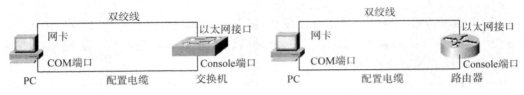

图 6-1   交换机 IOS 的修复与升级配置环境　　图 6-2   路由器 IOS 的修复与升级配置环境

表 6-1   交换机 IOS 的修复与升级配置设备信息

设备名	端口	VLAN	端口模式	IP 信息	
				IP 地址	网关
Switch	Fa0/1	VLAN1	Access	无	无
	VLAN1	VLAN1	无	192.168.10.2/24	无
PC	RJ45	VLAN1	无	192.168.10.3/24	无

表 6-2   路由器 IOS 的修复与升级配置设备信息

设备名	端口	IP 信息	
		IP 地址	网关
Router	Fa0/1	192.168.11.2/24	无
PC	RJ45	192.168.11.3/24	无

6.6   实验步骤

6.6.1   Xmodem 方式升级 IOS

1. 升级交换机

如果交换机 IOS 文件被损坏或丢失，造成交换机无法启动，可以采用此方法进行重写。以下以锐捷 RG2126G 为例，介绍操作系统的修复方法。

步骤一：按照图 6-1 所示，用实验提供的线缆连接好各设备，PC 的网卡通过网线与交换机的 Fa0/1 口相连。

步骤二：按照表 6-1 配置设备的 IP 信息。

步骤三：在 PC 机中建立超级终端，配置参数如图 6-3 所示。

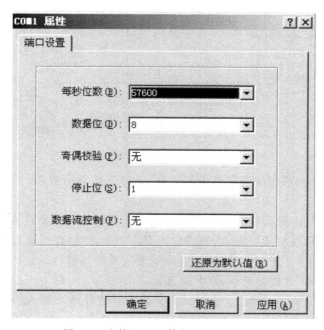

图 6-3　交换机 IOS 修复配置连接参数

步骤四：交换机加电。立刻有节奏地按 Esc 键，出现对话框并按 Y 键确认进入，即进入交换机的 ROM 模式。

步骤五：接 Y 键确认后会出现如图 6-4 所示的操作菜单。

```
--- 	Ctrl Loader Dialog 	---

	TOOLS MENU
******************************************************
*******	1	-- Download	*******
*******	2	-- Upload	*******
*******	3	-- File Info	*******
*******	4	-- Delete File	*******
*******	5	-- Rename File	*******
*******	6	-- Run Main File	*******
*******	7	-- Format Flash	*******
******************************************************
```

图 6-4　交换机 ROM 菜单

其中"1"是从 PC 指定位置下载指定的 IOS 文件到交换机的 Flash 中，在重写过程开始前，出现提示是否删除原有系统文件，选"确认"，也可以在此处使用"7"把 Flash 中的 IOS 文件手工删除再重写。本步骤中按键盘上"1"键选用选项"1"，弹出提示框选择"确认"。

步骤六：在 PC 机超级终端窗口中，选择"传送"→"发送文件"，在弹出的提示框中输入准备导入 IOS 文件的路径 c：\RG2126G. bin，协议选 Xmodem，单击"发送"，等待一定时间,直到提示重写完成即可关闭(见图 6-5)。

图 6-5　采用 Xmodem 协议传送 IOS 文件

步骤七:重启交换机完成升级的全部操作,此时 IOS 重写成功。

2. 升级路由器

路由器的 IOS 软件被损坏或路由器设备无法正常启动时将要进入 RXBOOT 模式来对路由器的 IOS 进行修复或更新,以下以锐捷 RG1762 为例,介绍修复方法。

步骤一:按照图 6-2 所示,用实验提供的线缆连接好各设备。

步骤二:按照表 6-2 配置各设备 IP 信息。

步骤三:把 IOS 文件存放在 PC 的 TFTP 服务器的根目录下,在 PC 机中运行 TFTP 服务器软件。

步骤四:在 PC 机中建立超级终端,配置参数如图 6-6 所示。

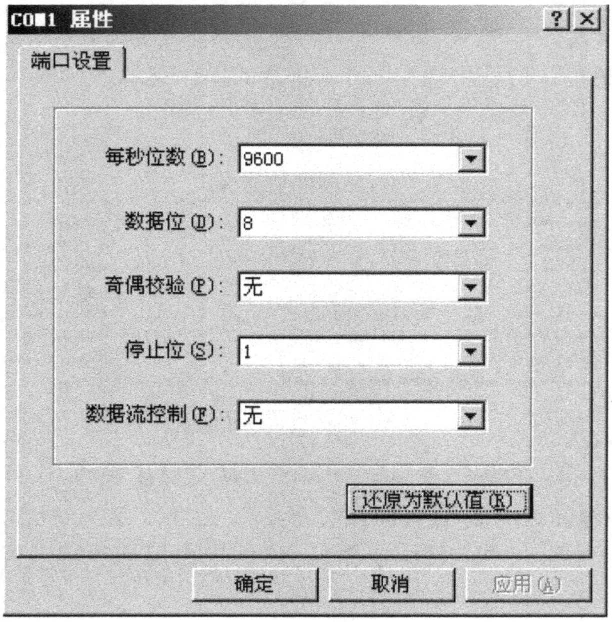

图 6-6　路由器 IOS 修复配置连接参数

步骤五：打开路由器电源，60 秒内在超级终端按下组合键 Ctrl＋C，进入路由器的 RXBOOT 模式，出现图 6-7 所示菜单。

```
Parallel FLASH ID: 0000C2CB , Size 1024 kbytes
Parallel FLASH ID(bank1): 0000C2CB
            Size :7104 KB

The wired nand flash checking!

Main Menu:

    1. TFTP Download & Run
    2. TFTP Download & Write Into File
    3. X-Modem Download & Run
    4. X-Modem Download & Write Into File
    5. List Active Files
    6. List Deleted Files
    7. Run A File
    8. Delete A File
    9. Rename A File
    a. Squeeze File System
    b. Format File System
    c. Other Utilities
    d. hardware test

Please select an item:_
```

图 6-7　路由器 BOOT MENU

步骤六：输入数字“2”，弹出如下信息，在此输入 TFTP 服务器的 IP 地址。

File name[2]：RG1762.bin　　　　　//输入要升级的 IOS 文件名

Local IP[]：192.168.11.2　　　　　//本地 IP，也就是交换机的 IP 地址

Remote IP[]：192.168.11.3　　　　　//TFTP 服务器的 IP 地址

步骤七：升级完成后，利用 Reset 命令复位路由器。

步骤八：重启路由器，升级成功，使用查看命令再次查看路由器版本，完成从 ROM 升级。

注意：路由器型号不同，采用 ROM 方式升级的方法也不尽相同，详见操作系统的升级说明。

6.6.2　TFTP 方式升级 IOS

1. 升级交换机

如果交换机 IOS 文件没有损坏，管理员只希望把新版本的 IOS 文件在原有的旧 IOS 文件的基础上进行升级则可采用此方法。以下以锐捷 RG2126G 为例，介绍用 TFTP 方式升级交换机的 IOS。

步骤一：按照图 6-1 所示，用实验提供的线缆连接好各设备，PC 的网卡通过网线与交换机的 Fa0/1 口相连。

步骤二：按照表 6-1 配置各设备的 IP 信息。

步骤三：加电正常启动交换机，进入命令配置窗口，查看交换机当前版本是否为最新版本。

Switch#show version

步骤四：查看 Flash 中的 IOS 文件，确认新的系统文件大小是否超出存储器范围。

Switch#dir   //或者是 Switch#show flash

步骤五：进入 VLAN1，接表 6-1 配置交换机的 IP 地址，并在 PC 上 Ping 路由器的 Fa0/1 端口的联通性，能 Ping 通则证明配置成功。

Switch#configure terminal

Switch(config)#interface vlan1

Switch(config-if)#ip address 192.168.10.2 255.255.255.0

Switch(config-if)#no shutdown

Switch(config-if)#end

注：第二步中所配置 PC 的 IP 地址，一定要和交换机的 VLAN1 地址在同一个网段。

步骤六：把 IOS 文件存放在 PC 机的 TFTP 服务器的根目录下，在 PC 机中运行 TFTP 服务器软件。

步骤七：进入交换机特权用户模式，使用 COPY 命令实现 IOS 文件的升级。

Switch#copy tftp：RG2126G.bin Flash：RG2126G.bin

                                    //不同设备命令不同，需参照说明使用

如果 PC 机与交换机处于直连状态，命令需修改为：

Switch#copy tftp：//192.168.10.3/RG2126G.bin Flash：RG2126G.bin

Switch#show version   //再次查看交换机版本

重启交换机，升级成功。

2. 升级路由器

利用 TFTP 升级路由器的方法与利用 TFTP 方式升级交换机类似，具体如下：

步骤一：按照图 6-2 所示，用实验提供的线缆连接好各设备。

步骤二：按照表 6-2 配置 PC 的 IP 信息。

步骤三：把 IOS 文件存放在 PC 的 TFTP 服务器的根目录下，在 PC 机中运行 TFTP 服务器软件。

步骤四：加电启动路由器，登录路由器后，设置路由器的以太网接口 Fa0/1 的 IP 地址。

Router#Config terminal

Router(config)#interface fa0/1

Router(config-if)#ip address 192.168.11.2 255.255.255.0

Router(config-if)#no shutdown

Router(config-if)#end

步骤五：在 PC 上 Ping 路由器的 Fa0/1 端口的连通性，能 Ping 通，则证明配置成功。

步骤六：查看路由器的 IOS 版本，以及路由器当前版本是否为最新版本。

Router#show version

步骤七：进入路由器特权用户模式，使用 COPY 命令实现 IOS 文件的升级。

Router#copy tftp：RG1762.bin Flash：RG1762.bin

                                    //不同设备命令不同，需参照说明使用

如果 PC 机与交换机处于直连状态，命令需修改为：

Router♯copy tftp：//192.168.11.3/RG1762.bin Flash：RG1762.bin

Router♯reload　　　　　　　　　　　　//输入重启命令

重启路由器,升级成功。

6.7　小　结

通过本次实验,复习了交换机、路由器的结构,通过 Xmodem 和 TFTP 两种方式实践了交换机、路由器操作系统的修复和升级,加深了对交换机、路由器结构的理解。

实验 7

静态路由和默认路由

7.1　实验目的

➤　理解路由的概念和基本术语。
➤　掌握路由协议的工作原理。
➤　掌握静态路由和默认路由的配置方法。

7.2　实验内容

在路由器或三层交换机上依次配置静态路由、缺省路由，然后用 Ping 命令测试网络的连通性。

7.3　实验原理

7.3.1　概述

路由是指一台设备的数据包从源穿过网络传递到目的地的路径信息，在数据包的传输过程中至少经过一个中间节点，具体的表现形式为路由器路由表条目。路由通常与桥接来对比，从表面上来看，完成的工作似乎相同，但它们的主要区别在于桥接发生在 OSI 参考协议的第二层，即链接层，而路由发生在第三层，即网络层。这一区别使两者在传递信息的过程中使用不同的方式来完成。

1. 自治系统

自治系统（autonomous system，AS）就是处于一个管理机构控制之下的路由器和网络群组。它可以是一个路由器直接连接到 LAN 上，同时也连到 Internet 上；也可以是一个由企业骨干网互连的多个局域网组成。同一个自治系统中的所有路由器必须相互连接,运行相同的路由协议,分配同一个自治系统编号。每个自治系统都有唯一的标识,称为自治系统编号,这是一个 16 位的二进制数,范围是 1～65535,由 IANA 来分配。自治系统之间使用外部路由协议进行互接,如外部网关协议 EGP。

2. 度量与度量值

路由协议使用度量标准来确定到达目的地的最佳路径,度量值是衡量路由好坏的一个参数。当路由认为到达一个网络有多种路径时,为了选择出最优路径,就必须利用度量标准来计算,用所得到的值来判断选择。每一种路由算法在产生路由表时,会对每一条通过网络的路径计算一个数值,最小的值表示最优路径。度量值的计算只考虑路径的一个特性,但更复杂的度量值是综合了路径的多个特性而产生的。

一些常用的度量标准如下:

➤ 跳数:数据包到达目的地之前必须经过路由器的个数。

➤ 带宽:链路的数据容量。

➤ 时延:数据包从源端到达目的端所用的时间。

➤ 负载:网络资源已被使用部分的大小。

➤ 可靠性:网络链路错误比特的比率。

➤ 最大传输单元:链路上的最大传输单元值。

3. 管理距离

管理距离(administrative distance)是指一种路由协议的可信度。每一种路由协议按可靠性从高到低,依次分配一个信任等级,这个信任等级就叫管理距离。对于两种不同的路由协议到一个目的地的路由信息,路由器首先根据管理距离选择相信的路由协议。

在默认的情况下,各种路由选择协议都有自己的默认管理距离,但是可以手动修改。常见路由协议的默认管理距离如表 7-1 所示。

表 7-1　常见路由协议的默认管理距离

路由选择协议	默认管理距离
直连路由	0
静态路由	1
EIGRP 汇总路由	5
外部 BGP	20
IGRP	100
OSPF	110
IS—IS	115
RIP(V1 和 V2)	120
外部网关协议(EGP)	140
未知	255

4. 路由算法

路由算法在路由协议中起着至关重要的作用,采用何种路由算法往往决定了最终的寻径结果,因此选择路由算法一定要慎重。通常需要综合考虑以下几个设计目标:

➢ 最优化:路由算法选择最佳路径的能力。

➢ 简洁性:利用最少的系统资源开销,提供最有效的功能。

➢ 稳定性:路由算法处于非正常或不可预料的环境(如硬件故障、负载过高或操作失误)时都能正确运行。由于路由器分布在网络连接点上,一旦出故障,将会产生严重后果。最好的路由算法通常能经受时间的考验,并在各种网络环境下被证实是可靠的。

➢ 快速收敛:收敛是在最佳路径的判断上所有路由器达到一致的过程。当某个网络事件引起路由可用或不可用时,路由器就发出更新信息。路由更新信息遍及整个网络,引发重新计算最佳路径,最终达到所有路由器一致公认的最佳路径。收敛慢的路由算法会造成路径循环或网络中断。

➢ 灵活性:路由算法可以快速、准确地适应各种网络环境。例如,某个网段发生故障,路由算法要能很快发现故障,并为使用该网段的所有路由选择另一条最佳路径。

5. 路由表

路由表(routing table)是路由器中保存着各种传输路径的相关数据,供路由选择时使用。路由表就像我们生活中使用的地图一样,标识着各种路线,保存着子网的标志信息、网上路由器的个数和下一个路由器的名字等内容。路由表可以由系统管理员固定设置、系统动态修改、路由器自动调整和主机控制几种方式产生。

7.3.2 路由的原理

路由器工作于 OSI 参考模型中的第三层,其主要任务是接收来自网络接口的数据包,根据其中所包含的目的地址,决定要转发数据包的目的地址。因此,路由器首先在转发路由表中查找它的目的地址,若找到了目的地址,就在数据帧前添加下一个 MAC 地址,同时 IP 数据报头的 TTL(time to live)域也开始减数,并重新计算校验和。当数据包被送到输出端口时,它需要按顺序等待,以便被传送到输出链路上。

常见路由器对数据包进行存储转发的过程如下:

第一步:当数据包到达路由器,根据网络物理接口的类型,路由器调用相应的链路层功能模块,以解释处理此数据包的链路层协议报头。这一步处理比较简单,主要是对数据的完整性进行验证,如 CRC 校验、帧长度检查等。

第二步:在链路层完成对数据帧完整性验证后,路由器开始处理此数据帧的 IP 层。这一过程是路由器的核心功能。根据数据帧中 IP 包头的目的 IP 地址,路由器在路由表中查找下一跳的 IP 地址;同时,IP 数据包头的 TTL 域开始减数,重新计算校验和。

第三步:根据路由表中所查到的下一跳 IP 地址,将 IP 数据包送往相应的输出链路层,被封装相应的链路层包头,最后经输出网络物理接口发送出去。

路由器的主要工作就是为经过路由器的每个数据包寻找一条最佳传输路径,并将该数据包有效地传送到目的站点。

7.3.3　分类

路由协议按照能否学习到子网分类可以分为有类路由协议和无类路由协议,其中有类和无类中的"类"指 IP 地址的分类。

1. 有类路由协议

有类路由协议包括 RIP－1、IGRP 等。这类路由协议不支持可变长度的子网掩码,不能从邻居学习到子网,所有关于子网的路由在被学到的时候会自动变成子网的主类网。例如,路由器从邻居学习到 172.16.2.0/24 这个子网的路由,而 172.16.2.0/24 中的地址属于 B 类地址,所以路由器就自动将子网变成了主类网 172.16.0.0/16,认为从邻居学到了 172.16.0.0/16 这个网段的路由并将其加入到路由表。

有类路由协议的路由更新包格式中虽然有放置路由器所学到的所有网段位置,但是没有放置子网掩码位置,以至于后来出现子网时,运行有类路由协议的路由器虽然在邻居路由更新包中能看到子网的网络地址,但是不知道应该使用什么样的子网掩码,也不知道子网的网络位,从而无法知道路由更新包里的子网到底是什么网段,也就只能把这些子网变成它们的主类网,如会把 10.10.2.0/24 这个子网识别为网络 10.0.0.0/8。

2. 无类路由协议

无类路由协议包括 RIP－2、EIGRP、OSPF 等。无类路由协议支持可变长的子网掩码,能够从邻居那里学习到子网,所有关于子网的路由在被学到的时候不会被变成子网的主类网,而以子网的形式直接进入路由表。例如,路由器从邻居学到了 172.16.2.0/24 这个子网的路由,就能够识别子网掩码,从而将 172.16.2.0/24 这个子网的路由加入路由表。

7.3.4　静态路由和默认路由

在实际应用中,路由器配置的路由通常有 3 种,即静态路由、默认路由和动态路由,其中静态路由和默认路由都需要管理员手工进行添加,动态路由是通过各类动态路由协议实现,在本实验中我们重点学习静态路由和默认路由。

1. 静态路由

静态路由由管理员手工配置而成。通过静态路由的配置可建立一个互通的网络,但这种配置存在一定的问题,当一个网络故障发生后,静态路由不会自动发生调整,必须有管理员介入并进行修改。

在拓扑结构比较简单的网络中,只需配置静态路由就可以使路由器正常工作,仔细设置和使用静态路由可改进网络的性能,为重要的应用保证带宽。以下是静态路由的一些属性:

➤　可达路由。正常的路由都属于这种情况,即 IP 报文按照目的地标示的路由被送往下一跳,这是静态路由的一般用法。

> ➤ 目的地不可达的路由。当到达某一目的地的静态路由具有"丢弃"属性时,任何去往该目的地的 IP 报文都将被丢弃,并且通知源主机目的地不可达。

> ➤ 目的地为黑洞路由。当到达某一目的地的静态路由具有"黑洞"属性时,任何去往该目的地的 IP 报文都将被丢弃,并且不通知源主机。

其中"丢弃"和"黑洞"属性一般用来控制本路由器可达目的地的范围,辅助网络故障的诊断。

通过配置静态路由,可以人为地指定访问某一网络时所要经过的路径。在网络结构比较简单,并且到达某一网络只有唯一路径时,均采用静态路由。静态路由的效率最高,系统性能占用最少。对于企业网络而言,往往只有一条连接至 Internet 的链路,因此,选择使用静态路由最合适。

如图 7-1 所示,要配置局域网 1 的数据包,可以通过路由器 R1 进行转发,即可以在 R1 中配置静态路由信息,该路由信息项通过 R1 的 S0 端口转发,目标网络是局域网 2。

局域网1   S0   S1   局域网2
192.168.1.0   192.168.2.0
       R1   R2

图 7-1   静态路由的配置

参考命令如下:

Router(config)♯ ip router 192.168.2.0 255.255.255.0 S0

静态路由协议的优点是显而易见的,由于是人工手动设置,所以具有设置简单、传输效率高、性能可靠等优点,在所有的路由协议中它的优先级最高,当静态路由协议与其他路由协议发生冲突时,会自动以静态路由为准。静态路由一般适用于比较简单的网络环境,在这样的环境中,网络管理员易于清楚地了解网络拓扑结构,便于设置正确的路由信息。

2. 默认路由

默认路由是一种特殊的路由,也是静态路由的一种特例,可以通过静态路由配置,其配置语法与静态路由基本相同,不同的是,配置命令中的"network mask"关键字必须是"0.0.0.0 0.0.0.0"。其中某些动态路由协议也可以生成默认路由,如 OSPF。

简单地说,默认路由就是在没有找到匹配的路由表表项时才启用的路由,即没有合适的路由时,默认路由才被使用。在路由表中,默认路由以 0.0.0.0(掩码为 0.0.0.0)的路由形式出现。如果报文的目的地址不能与路由表中任何表项相匹配,那么该报文将选取默认路由。如果没有默认路由且报文的目的地不在路由表中,那么该报文被丢弃的同时,将向源端返回一个 ICMP 报文,报告该目的地址或网络不可达。

在真实的网络环境中,默认路由的配置要慎重,一旦配置不当就有可能将数据包发送到无法到达的目的地网络中。

7.4　实验环境与设备

➤ Cisco 2620 或 RG1762 路由器 2 台、已安装操作系统的 PC 机 2 台。
➤ Console 电缆 1 条、1.5 m 按 568B 方式制作的双绞线 3 条。
➤ 每组 2 位同学，各操作 1 台 PC，协同实验。

7.5　实验组网

静态路由、默认路由的实验拓扑如图 7-2 所示，实验设备信息如表 7-2 所示。

图 7-2　静态路由、默认路由的实验拓扑

表 7-2　静态路由、默认路由的实验设备信息

设备名	端口	IP 信息	
		IP 地址	网关
PC A	RJ45	192.168.1.2/24	192.168.1.1
R1	Fa1/0	192.168.1.1/24	无
	Fa0/0	192.168.2.1/24	无
R2	Fa0/0	192.168.2.2/24	无
	Fa1/0	192.168.3.1/24	无
PC B	RJ45	192.168.3.2/24	192.168.3.1

7.6　实验步骤

以下用 Cisco 2620 进行实验。
步骤一：按照图 7-2 所示，用实验提供的线缆连接好各设备。
步骤二：按照表 7-2 配置各设备的 IP 信息。
步骤三：各路由器配置如下。

路由器 R1：

Router # config terminal

Router(config) # hostname R1

R1(config) # interface fastEthernet 0/0

R1(config - if) # ip address 192. 168. 2. 1 255. 255. 255. 0

R1(config - if) # no shutdown

R1(config - if) # exit

R1(config) # interface fastEthernet 1/0

R1(config - if) # ip address 192. 168. 1. 1 255. 255. 255. 0

R1(config - if) # no shutdown

R1(config - if) # end

查看路由表：

R1 # show ip route

Codes：C - connected, S - static, I - IGRP, R - RIP, M - mobile, B - BGP

　　　　　D - EIGRP, EX - EIGRP external, O - OSPF, IA - OSPF inter area

　　　　　N1 - OSPF NSSA external type 1, N2 - OSPF NSSA external type 2

　　　　　E1 - OSPF external type 1, E2 - OSPF external type 2, E - EGP

　　　　　i - IS - IS, su - IS - IS summary, L1 - IS - IS level - 1, L2 - IS - IS level - 2

　　　　　ia - IS - IS inter area, * - candidate default, U - per - user

static route

　　　　　o - ODR, P - periodic downloaded static route

Gateway of last resort is not set

C　　　192. 168. 1. 0/24 is directly connected, FastEthernet1/0

C　　　192. 168. 2. 0/24 is directly connected, FastEthernet0/0

　　　　　　　　　　　　　　　　//此条路由在 R2 配置完成后产生

路由器 R2：

Router # config terminal

Router(config) # hostname R2

R2(config) # interface fastEthernet 0/0

R2(config - if) # ip address 192. 168. 2. 2 255. 255. 255. 0

R2(config - if) # no shutdown

R2(config - if) # exit

R1(config) # interface fastEthernet 1/0

R2(config - if) # ip address 192. 168. 3. 1 255. 255. 255. 0

R2(config - if) # no shutdown

R2(config - if) # end

查看路由表：

R2 # show ip route

Codes：C－connected，S－static，I－IGRP，R－RIP，M－mobile，B－BGP

　　　　D－EIGRP，EX－EIGRP external，O－OSPF，IA－OSPF inter area

　　　　N1－OSPF NSSA external type 1，N2－OSPF NSSA external type 2

　　　　E1－OSPF external type 1，E2－OSPF external type 2，E－EGP

　　　　i－IS－IS，su－IS－IS summary，L1－IS－IS level－1，L2－IS－IS level－2

　　　　ia－IS－IS inter area，＊－candidate default，U－per－user static route

　　　　o－ODR，P－periodic downloaded static route

Gateway of last resort is not set

C　　　192.168.2.0/24 is directly connected，FastEthernet0/0

C　　　192.168.3.0/24 is directly connected，FastEthernet1/0

此时，观察并分析路由表，用 Ping 命令按照表 7-3 列出的信息检测各设备间的连通性，并分析原因。

表 7-3 测试结果

		所用命令	结果
同一网段	PC A—R1		
	PC B—R2		
	R1—R2		
不同网段	PC A—R2		
	PC A—PC B		
	R1—PC B		

步骤四：在 R1、R2 上作如下静态路由配置。

路由器 R1：

R1(config)♯ip route 192.168.3.0 255.255.255.0 192.168.2.2

R1(config)♯end

查看路由表：

R1♯show ip route

Codes：C－connected，S－static，I－IGRP，R－RIP，M－mobile，B－BGP

　　　　D－EIGRP，EX－EIGRP external，O－OSPF，IA－OSPF inter area

　　　　N1－OSPF NSSA external type 1，N2－OSPF NSSA external type 2

　　　　E1－OSPF external type 1，E2－OSPF external type 2，E－EGP

　　　　i－IS－IS，su－IS－IS summary，L1－IS－IS level－1，L2－IS－IS level－2

　　　　ia－IS－IS inter area，＊－candidate default，U－per－user static route

　　　　o－ODR，P－periodic downloaded static route

Gateway of last resort is not set

C　　　192.168.1.0/24 is directly connected，FastEthernet1/0

C　　　192.168.2.0/24 is directly connected，FastEthernet0/0

S   192.168.3.0/24 [1/0] via 192.168.2.2

路由器 R2：

R2(config)♯ip route 192.168.1.0 255.255.255.0 192.168.2.1

R2(config)♯end

查看路由表：

R2♯show ip route

Codes：C － connected, S － static, I － IGRP, R － RIP, M － mobile, B － BGP

        D － EIGRP, EX － EIGRP external, O － OSPF, IA － OSPF inter area

        N1 － OSPF NSSA external type 1, N2 － OSPF NSSA external type 2

        E1 － OSPF external type 1, E2 － OSPF external type 2, E － EGP

        i － IS － IS, su － IS － IS summary, L1 － IS － IS level － 1, L2 － IS － IS level － 2

        ia － IS － IS inter area, ＊ － candidate default, U － per － user static route

        o － ODR, P － periodic downloaded static route

Gateway of last resort is not set

S   192.168.1.0/24 [1/0] via 192.168.2.1

C   192.168.2.0/24 is directly connected, FastEthernet0/0

C   192.168.3.0/24 is directly connected, FastEthernet1/0

再查看各路由器路由表，发现比以前多一条路由项，用 Ping 命令按照表 7-4 列出的信息检测各设备间的连通性，并分析原因。

表 7-4　测试结果

		所用命令	结果
同一网段	PC A－R1		
	PC B－R2		
	R1－R2		
不同网段	PC A－R2		
	PC A－PC B		
	R1－PC B		

步骤五：删除刚才所配置的静态路由，为 R1、R2 配置默认路由。

路由器 R1：

R1(config)♯no ip route 192.168.3.0 255.255.255.0

R1(config)♯ip route 0.0.0.0 0.0.0.0 192.168.2.2

R1(config)♯end

查看路由表：

R1♯show ip route

Codes：C － connected, S － static, I － IGRP, R － RIP, M － mobile, B － BGP

        D － EIGRP, EX － EIGRP external, O － OSPF, IA － OSPF inter area

N1 - OSPF NSSA external type 1, N2 - OSPF NSSA external type 2

　　E1 - OSPF external type 1, E2 - OSPF external type 2, E - EGP

　　i - IS - IS, su - IS - IS summary, L1 - IS - IS level - 1, L2 - IS - IS level - 2

　　ia - IS - IS inter area, * - candidate default, U - per - user static route

　　o - ODR, P - periodic downloaded static route

Gateway of last resort is 192. 168. 2. 2 to network 0. 0. 0. 0

C　　　192. 168. 1. 0/24 is directly connected, FastEthernet1/0

C　　　192. 168. 2. 0/24 is directly connected, FastEthernet0/0

S *　　0. 0. 0. 0/0 [1/0] via 192. 168. 2. 2

路由器 R2：

R2(config)#no ip route 192. 168. 1. 0 255. 255. 255. 0

R2(config)#ip route 0. 0. 0. 0 0. 0. 0. 0 192. 168. 2. 1

R2(config)#end

查看路由表：

R2#show ip route

Codes：C - connected, S - static, I - IGRP, R - RIP, M - mobile, B - BGP

　　　　D - EIGRP, EX - EIGRP external, O - OSPF, IA - OSPF inter area

　　　　N1 - OSPF NSSA external type 1, N2 - OSPF NSSA external type 2

　　　　E1 - OSPF external type 1, E2 - OSPF external type 2, E - EGP

　　　　i - IS - IS, su - IS - IS summary, L1 - IS - IS level - 1, L2 - IS - IS level - 2

　　　　ia - IS - IS inter area, * - candidate default, U - per - user static route

　　　　o - ODR, P - periodic downloaded static route

Gateway of last resort is 192. 168. 2. 1 to network 0. 0. 0. 0

C　　　192. 168. 2. 0/24 is directly connected, FastEthernet0/0

C　　　192. 168. 3. 0/24 is directly connected, FastEthernet1/0

S *　　0. 0. 0. 0/0 [1/0] via 192. 168. 2. 1

　　再查看各路由器路由表，与上两步的路由表对比，用 Ping 命令按照表 7-5 列出的信息检测各设备间的连通性，并分析原因。

表 7-5　测试结果

		所用命令	结果
同一网段	PC A—R1		
	PC B—R2		
	R1—R2		
不同网段	PC A—R2		
	PC A—PC B		
	R1—PC B		

7.7　小　结

通过本次实验,实践了在路由器上配置静态路由、缺省路由,然后分别用 Ping 命令测试网络的连通性,深入理解了路由原理,并掌握了静态路由和缺省路由的配置方法及用途。

实验 8

VLAN 下的单臂路由

8.1 实验目的

➤ 理解单臂路由的概念及路由器物理接口中子接口的概念。
➤ 掌握单臂路由的工作原理。
➤ 掌握用单臂路由解决中小企业接入 Internet 的方法,并能熟悉配置设备。

8.2 实验内容

在交换机和路由器上进行实验,将两台 PC 置于交换机不同的 VLAN 中,利用 Trunk 链路与路由器对接,用子接口知识进行配置,然后用 Ping 命令测试两台 PC 机的连通性。

8.3 实验原理

VLAN 技术是交换网络中非常基础的技术。在网络组建中,通过在交换机上划分适当数目的 VLAN,不仅能有效隔离广播风暴,还能提高网络安全系数及网络带宽的利用效率。划分 VLAN 之后,解决 VLAN 间通信的常用方法有两种:一种是我们前面已学习过的实验利用三层交换机的路由功能来解决,另一种是本实验中采用路由器的子接口,即单臂路由(router-on-a-stick)来解决。它是解决 VLAN 间通信的一种廉价而实用的解决方案,常用于网络规模小而需在进行高质量的通信的中小型园区网的组建方案中。具体原理如图 8-1 所示。

通过图 8-1,可以看出在路由器与交换机之间是通过外部线路连接的,这个外部物理线路只有一条,但是它在逻辑上是分开的,交换机的数据包会通过这条线路到达路由器,经过路由处理后再通过此线路返回交换机进行转发,因此这条链路叫做路由器的"臂"。通俗地说,单臂路由就是数据包从哪个口进去,又从哪个口出来,而不像传统网络拓扑中数据包从某个接口进入路由器又从一个接口离开路由器。

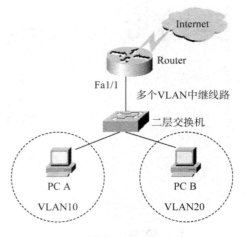

图 8-1　单臂路由工作原理

在使用一条物理链路作为中继连接路由器和交换机的情况下,路由器的一个物理接口上需要配置多个 IP 地址,每个地址对应一个 VLAN。如图 8-2 所示,将路由器的物理接口 Fa1/1 配置成中继接口,选择封装类型后可以被逻辑地分为多个子接口,如 Fa1/1.1、Fa1/1.2、Fa1/1.3,每个接口都可以配置 IP 地址。如果 VLAN 的数量增加,相应的子接口数量还可以不断增加,每个子接口都对应一个 VLAN 子网。虽然这些子接口都是虚拟的逻辑接口,但是路由器认为这些子接口都是正常的接口,其功能与其他物理接口一样。

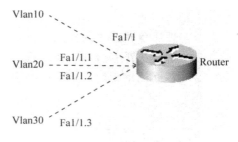

图 8-2　路由器子接口

单臂路由常用于解决中小企业内部网上 Internet 的问题。因为小企业内部网络结构简单,仅需用一台二层交换机就可以将所有员工的办公电脑以及服务器连接到一起,然后通过接入网访问 Internet。

8.4　实验环境与设备

➢　Cisco 2620 或 RG1762 路由器 1 台、Cisco 2950 或 RG2126G 二层交换机 2 台、已安装操作系统的 PC 机 2 台。

➢　Console 电缆 1 条、1.5 m 按 568B 方式制作的双绞线 3 条。

➢　每组 2 位同学,各操作 1 台 PC,协同实验。

8.5　实验组网

单臂路由实验 VLAN 间通信拓扑如图 8-3 所示,通信设备配置信息如表 8-1 所示。

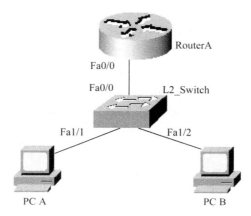

图 8-3　单臂路由实现 VLAN 间通信拓扑

表 8-1　单臂路由实现 VLAN 间通信设备配置信息

设备名	端口	VLAN	IP 信息	
			IP 地址	网关
RouterA	Fa0/0.1	无	192.168.1.1/24	无
	Fa0/0.2	无	192.168.20.1/24	无
	Fa0/0.3	无	192.168.30.1/24	无
L2_Switch	VLAN 1	VLAN 1	192.168.1.2/24	192.168.1.1
	Fa0/0	VLAN 1、20、30	无	无
	Fa1/1	VLAN 1、20	无	无
	Fa1/2	VLAN 1、30	无	无
PC A	RJ-45	无	192.168.20.2/24	192.168.20.1
PC B	RJ-45	无	192.168.30.2/24	192.168.30.1

8.6　实验步骤

以下用 Cisco 2620 进行实验。

步骤一：按照图 8-2 所示，用实验提供的线缆连接好各设备。

步骤二：按照表 8-1 配置各设备 IP 信息。

步骤三：路由器、交换机配置如下。

路由器 RouterA：

Router # config terminal

Router(config) # hostname RouterA

RouterA(config) # interface fastEthernet 0/0

RouterA(config - if) # no shutdown

RouterA(config - if) # exit

RouterA(config) # interface fastEthernet 0/0. 1   //进入端口子模式

RouterA(config - subif) # encapsulation dot1Q 1   //将帧封装成 802. 1Q

RouterA(config - subif) # ip address 192. 168. 1. 1 255. 255. 255. 0

RouterA(config - subif) # no shutdown

RouterA(config - subif) # exit

RouterA(config) # interface fastEthernet 0/0. 2

RouterA(config - subif) # encapsulation dot1Q 20

RouterA(config - subif) # ip address 192. 168. 20. 1 255. 255. 255. 0

RouterA(config - subif) # no shutdown

RouterA(config - subif) # exit

RouterA(config) # interface fastEthernet 0/0. 3

RouterA(config - subif) # encapsulation dot1Q 30

RouterA(config - subif) # ip address 192. 168. 30. 1 255. 255. 255. 0

RouterA(config - subif) # no shutdown

RouterA(config - subif) # end

RouterA # copy running - config startup - config

查看路由表：

RouterA # show ip route

Codes：C - connected, S - static, R - RIP, M - mobile, B - BGP

　　　　D - EIGRP, EX - EIGRP external, O - OSPF, IA - OSPF inter area

　　　　N1 - OSPF NSSA external type 1, N2 - OSPF NSSA external type 2

　　　　E1 - OSPF external type 1, E2 - OSPF external type 2

　　　　i - IS - IS, su - IS - IS summary, L1 - IS - IS level - 1, L2 - IS - IS level - 2

　　　　ia - IS - IS inter area, * - candidate default, U - per - user static route

　　　　o - ODR, P - periodic downloaded static route

Gateway of last resort is not set

C　　　192. 168. 30. 0/24 is directly connected, FastEthernet0/0. 3

C　　　192. 168. 20. 0/24 is directly connected, FastEthernet0/0. 2

C　　　192. 168. 1. 0/24 is directly connected, FastEthernet0/0. 1

分析路由表,生成了三条直链路由,说明配置成功。

交换机 L2_Switch:

Switch＃config terminal

Switch(config)＃hostname L2_Swtich

L2_Swtich(config)＃exit

L2_Swtich(vlan)＃vlan 20

L2_Swtich(vlan)＃vlan 30

L2_Swtich(vlan)＃exit

L2_Swtich＃configure terminal

L2_Swtich(config)＃interface fastEthernet 1/1

L2_Swtich(config - if)＃switchport mode access

L2_Swtich(config - if)＃switchport access vlan 20

L2_Swtich(config - if)＃no shutdown

L2_Swtich(config - if)＃exit

L2_Swtich(config)＃interface fastEthernet 1/2

L2_Swtich(config - if)＃switchport mode access

L2_Swtich(config - if)＃switchport access vlan 30

L2_Swtich(config - if)＃no shutdown

L2_Swtich(config - if)＃exit

L2_Swtich(config)＃interface fastEthernet 0/0

L2_Swtich(config - if)＃switchport mode trunk

L2_Swtich(config - if)＃switchport trunk allowed vlan all

L2_Swtich(config - if)＃no shutdown

L2_Swtich(config - if)＃exit

L2_Swtich(config)＃interface vlan 1

L2_Swtich(config - if)＃ip address 192. 168. 1. 2 255. 255. 255. 0

L2_Swtich(config - if)＃no shutdown

L2_Swtich(config - if)＃

L2_Swtich(config - if)＃end

L2_Swtich＃copy running - config startup - config

查看各路由器路由表,与上两步的路由表对比,用相关命令按照表 8-2 列出的信息检测各设备间的连通性,并分析原因。

表 8-2 测试结果

		所用命令	结果
不同网段	PC A—RouterA F0/0.1		
	PC A—RouterA F0/0.2		
	PC A—RouterA F0/0.3		
	PC B—RouterA F0/0.1		
	PC B—RouterA F0/0.2		
	PC B—RouterA F0/0.3		
	PC A—PC B		
	RouterA—PC A		
	RouterA—PC B		
	L2_Switch—RouterA		

8.7 小 结

通过本次实验，实践了 VLAN 间相互通信的第二种方法，巩固了 VLAN、路由器的基本配置，深入理解了路由原理，并掌握了在单臂路由网络需求条件下路由器的配置方法和应用。

实验 9

动态路由协议 RIP

9.1 实验目的

➢ 理解动态路由协议 RIP 的原理。
➢ 分析掌握 RIP 各版本的报文结构、各字段的含义及不同版本的区别。
➢ 掌握 RIP2 的配置方法,并能灵活运用。

9.2 实验内容

➢ 使用路由器进行组网,利用动态路由协议 RIP 实现各网段网络设备的互联,并用命令测试在同一网段和不同网段中设备的连通性。
➢ 查看 RIP 路由更新,分析路由更新机制。

9.3 实验原理

9.3.1 概述

RIP(routing information protocol)协议是一种距离矢量路由协议,也是一种内部网关协议(IGP),用于一个自治系统(AS)内路由信息的传递;它是推出时间最长、机制最简单的路由协议。其支持源和目的网间所经过的路由器的最多数目为 15,跳数 16 或更大的目的网络被认为是不可达的。RIP 通过周期性更新将路由表项中所有与其直联的邻居信息进行发送,维护相邻路由的关系,同时根据收到邻居的路由表计算自己的路由信息。

即使发生任何的网络变化或链路失效,这个更新也会进行。

RIPV1 默认支持 4 条等开销的链路作为负载均衡,最大可支持 6 条等开销链路作为负载均衡,不支持不等开销链路的负载均衡。RIPV1 是有类路由协议,不支持可变长子网掩码 VLSM。

RIP 运行简单,适用于小型网络。它经受了长期的实际运行考验,在网络界已被广泛运用。RIP 也是一个国际标准,所有的路由器生产厂商都支持该协议,其极有可能将一直伴随 IP 及 Internet 生存下去,在 IPV6 中,最早最完全实现的路由协议也将是基于 RIP 的 RIPng。

9.3.2　报文格式

RIP 运行在 UDP 协议之上,所有的 RIP 消息由 UDP 承载,使用的 UDP 端口是 520。RIP 定义了一个消息来承载关于节点间距离的路由信息,该信息最长 512 字节,最多承载 25 个路由记录。消息格式如图 9-1 所示。

命令	版本	全零
地址族		全零
IP 地址		
全零		
度量值		
最多承载 25 个路由记录		

注：路由记录由地址族到度量值

图 9-1　RIPV1 消息格式

命令字段:指定该 RIP 消息的作用。命令字段值为 1 时表示请求,要求应答系统发送所有或者部分路由表。命令字段值为 2 时表示响应,该消息包含发送者所有或者部分路由信息。响应消息可以因响应请求者的请求及轮询或者发送者更新路由而发送。命令字段值为 3 或 4(traceon、traceoff)表示已废弃,路由器一般应当忽略命令字段为 3 或 4 的消息。命令字段值为 5 由 SUN 系统保留使用,扩展新命令值由 6 开始。

版本字段:包含该 RIP 消息的版本号。RFC1058 文档预见到未来可能对 RIP 版本作更新,所以预留该字段。该字段由 RIP 节点用作识别当前正在运行的 RIP 版本号。到目前为止 IETF 仅分配了 1 和 2 两个版本号。

全零字段:在 RIP 消息中大量全零字段中多数是 RFC1058 用作兼容在此前出现的大量类似的协议,全零字段中出现的特性在 RFC1058 中并不被支持。RIPV1 设备收到全零字段为非零时应当丢弃消息,少数全零字段预留用作将来使用,当前已没有必要区分全零字段的原意。

地址族(FI)字段:AFI 代表地址类型,虽然 RFC1058 所规范的 RIP 由 IEFT 所定义,隐含使用 IP,所以该字段用作与之前 RIP 的兼容。RIP 可以用作传输多种协议的路由信息,所以必须有一种机制即一个字段来指示如何解释消息中所包含的地址类型。

IP 地址字段:4 字节的 IP 地址域用作存放网络地址。该地址可以是主机地址、网络地址或者默认的地址代码。在请求消息中,该字段通常存放消息的源地址,在相应消息中该字段存放目标网络或主机的 IP 地址。

度量值字段:路由记录的最后一个字段,存放路由的距离信息。通常路径中增加一个路由器则该值加 1。度量值字段有效值为 0~15,度量值字段值为 16 表示 IP 地址所代表的网络或主机不可达,路由无效。

9.3.3　工作原理

运行 RIP 的路由器定期将路由表发送给相邻路由器（最初路由表中只有直联路由和静态路由）。路由器收到相邻路由器发送的路由表后，将每个路由的距离加 1，与自身路由表中的信息比较。如果大于或等于自身路由表中路由的距离，则忽略收到的路由并刷新该路由；如果小于自身路由表中路由距离或者自身路由表中没有所比较的路由，则将收到的路由信息写入路由表，距离为原距离增加 1 且下一跳为发送该路由信息的路由器。当距离为 16 时认为路由不可达。运行 RIP 的网络规模有限，路径最长距离为 15。路由器定期清除长时间没有刷新的路由条目以防某路由器死机后产生的路由黑洞。网络中所有运行 RIP 的路由器并不了解整个网络的拓扑结构，只是简单相信从某个相邻路由器经特定距离可以到达目标网络。

9.3.4　特性

1. 路由更新

默认配置下，RIP 路由协议每隔 30 s 就向邻居路由器发送一次周期性的路由更新包，如果在 90 s 内没有收到邻居路由器发出的路由更新包，路由器就认为邻居路由器已经不可达，所有从这个邻居路由器学到的路由信息都会进入保持状态，保持时间是 180 s。如果在保持时间内还没有收到邻居路由器的任何信息，或者其他的邻居路由器通告了比原度量值还大的度量值，则该路由器将保持的路由信息从路由表内清除。

2. 跳数限制

RIP 应用于规模相对较小的网络，所以它强制规定了严格的跳数限制为 15 跳。当数据包由路由转发时，它们的跳数计数器会计算到目的网络的跳数。如果跳数值大于 15，数据包仍没到达它的目的地，则视目的地网络不可达，并且数据名会被丢弃。因此，RIP 支持的网络直径最大是 15 跳，即网络内任何两个路由器之间的间隔不能超过 15 跳，从根本上限制了网络的规模。

3. 固定度量

跳数的讨论为考察 RIP 的下一个基本限制作了很好的铺垫，这个限制就是固定度量值，RIP 简单地使用跳数作为度量标准，然而度量值由管理员配置，但它们本质上是静态的。RIP 不能实时地更新以适应网络中遇到的变化，管理员定义的度量值保持不变，直到手动更新。这意味 RIP 协议不适合于高度动态的网络，在这种网络环境中，路由必须实时计算以反映网络的变化。

4. 收敛速度慢

如果从人类思维的角度来看，等待 30 s 进行一次更新不会感到不方便，然而路由器和计算机的运行速度比人类思维快得多，所以等上 30 s 进行一次更新就会产生明显的不利结果。比等上 30 s 进行一次更新更具破坏性的是不得不等待 180 s 来作废一条路由，而这只是路由器开始进行收敛所需的时间量。依赖于网内的路由器个数及它们的拓扑结构,可能需要重复更新才能完全收敛。RIP 路由器收敛速度慢会创造许多机会使得无效路由仍被错误地作为有效路由进行广播。这样会大大降低网络性能(见图9-2)。

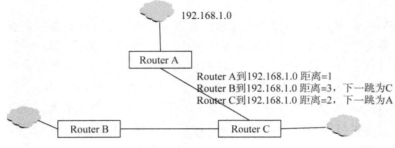

图 9-2　RIP 协议路由收敛

当 192.168.1.0 网络不可达(如路由器 A 的端口停止工作)后,路由器 A 将路由表中 192.168.1.0 表项距离标为 16。如果路由器 A 在发送路由表更新以前,路由器 C 将路由表发送到 A,则路由器 A 会认为从路由器 C 经过距离 3 可以到达网络 192.168.1.0。下一次路由更新中路由器 C 会认为从路由器 A 经过距离 4 可以到达网络 192.168.1.0。于是形成路由环路,在路由距离到达 16 以前,所有发往 192.168.1.0 的数据包将在路由器 A 和路由器 C 之间循环转发。

5. 环路防范措施

针对路由环路,处理办法有定义最大值、水平分割、路由中毒、毒性反转、抑制定时器和触发更新六种,在此讲解以下四种解决办法。

➤　触发更新(即时更新)。它在 30 s 定时更新之外再加上路由立即更新,除每 30 s 定期发送路由表外,一旦路由条目发生变化则立即发送更新信息。该方式虽然不能彻底解决问题,但是可以有效缩短收敛时间。

➤　水平分割。它基于路由器向某一路由条目的下一跳路由发送本条路由是没有意义的。如果路由器 C 的路由表中 192.168.1.0 的下一跳路由器是 A,则路由器 C 没有必要向路由器 A 发送 192.168.1.0 的路由信息。因为路由器 C 的路由 192.168.1.0 是从路由器 A 学到的,路由器 A 无疑已经知道 192.168.0.1 这条路由。因此,不会出现路由环路的问题,但水平分割并不能解决所有路由环路问题。如图 9-3 所示。

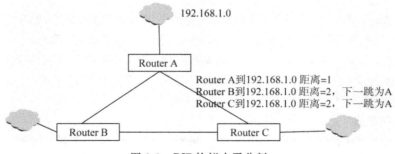

图 9-3　RIP 协议水平分割

当 192.168.1.0 网络不可达后,路由器 A 和 B 删除了到达网络 192.168.1.0 的信息。如果这时路由器 C 将路由表发送到路由器 B,则路由器 B 会认为从路由器 C 经过距离 3 可以到达网络 192.168.1.0。虽然基于水平分割,路由器 C 不会将 192.168.1.0 的路由条目发送给路由器 A,但是路由器 B 是从路由器 C 得到路由的,所以会将该条路由发送给路由器 A 且下一跳是路由器 C,管理距离是 3。下一次路由更新中路由器 C 会认为从路由器 A 经过距离 5 可以到达网络 192.168.1.0,于是形成路由环。在路由距离到达 16 以前,所有发往 192.168.1.0 的数据包将在路由器 A、B 和 C 之间循环转发。

　　➢ 　路由毒化(路由中毒)。水平分割试图通过拒绝向源发送路由信息来避免环路。路由毒化则采用更有效的方法来抑制循环。当某路由不可达后,路由器 A 通知路由器 B 和 C,192.168.1.0 网络距离为 16,下一跳为路由器 A。路由毒化可以有效解决水平分割不能解决的问题。

　　➢ 　路由保持(抑制定时器)。当路由器通告某条路由不可达后,将在一段时间内拒绝接受上述路由的更新消息。图 9-3 中路由器 A 将 192.168.1.0 删除以后,将暂停接收从路由器 B 和 C 发送关于 192.168.1.0 的路由消息。该方式从某种程度上也能抑制路由环路的产生,但是在 RIP 中很少采用此方法。

9.3.5　RIPV2

　　RIPV2 是 RIPV1 的改进版,于 1993 年在 RFC1388(1994 年被 RFC1723 代替)中首次提出。RIPV2 的很多性能与 RIPV1 相同,如同样是距离矢量路由协议,使用跳数作为度量标准,使用水平分割和抑制定时器等方法来防止出现路由环路。但是,由于 RIPV2 支持在发送路由更新的同时,也发送网络的子网掩码信息,所以 RIPV2 协议支持可变长的子网掩码,是无类路由协议,支持手动的路由汇聚,运行 RIPV2 协议的路由器可以学习到子网的路由。

　　1. 报文格式

　　RIPV2 兼容 RIPV1,所以消息格式类似,如图 9-4所示。

　　命令字段:指定该 RIP 消息的作用,功能与 RIPV1 相同。命令字段值为 1 时表示请求,要求应答系统发送所有或者部分路由表。命令字段值为 2 时表示响应,该消息包含发送者所有或者部分路由表。响应消息可以因响应请求者的请求及轮询或者发送者更新路由而发送。

　　版本字段:包含该 RIP 消息的版本号。该字段由 RIP 节点识别当前正在运行的 RIP 版本号,在 RIPV2 中版本字段为 2。

命令	版本	未使用
地址族		路由标签
IP 地址		
子网掩码		
下一跳		
度量值		
最多承载 25 个路由记录		

注:路由记录由地址族到度量值

图 9-4　RIPV2 消息格式

　　未使用字段:由于未能对该字段具体含义达成共识,RFC1388 中对该字段的定义在 RFC1732 中被删除。RIPV2 路由器将忽略该字段,RIP 节点将该字段置零。

　　地址族(AFI)字段:AFI 代表地址类型,标识携带的是哪种路由协议的地址。AFI 可以携带特殊的符号序列,如 0XFFFF,该序列表示所携带的是认证数据而不是路由信息。

　　路由标签字段：标识网络地址的子网掩码,如果没有子网掩码,该字段为全零。

　　下一跳字段：包含到达网络地址字段所包含的目的地下一跳 IP 地址。

　　度量值字段：路由记录的最后一个字段,存放路由的距离信息。通常路径中增加一个路由器则该值加 1。度量值字段有效为 0～15。度量值字段值为 16 表示 IP 地址所代表的网络或主机不可达,此条路由无效。

　　2. 新特性

　　RIPV2 增加了如下新功能：

　　➤　认证功能。RIPV2 增加了对发送响应帧设备的认证功能。由于响应帧用作传送网络路由信息,对响应帧增加认证功能可以防止在全网传播虚假路由表,响应帧使用一个路由记录空间来承载。带认证的响应帧的第一个 AFI 字段被设置成 0XFFFF 来区别路由记录。所以,带认证功能的响应帧中最大路由条数为 24,认证记录中路由标签被作为认证类型,后 24 字节可以存放明文口令或 MD5 散列后的口令。RIPV2 认证功能并没有对承载的路由信息进行加密或数字签名,所以使用 RIPV2 认证功能的网络仍然容易受到攻击。

　　➤　可变长子网掩码(VLSM)。子网掩码字段因适应网络支持子网需求而产生,RIPV2 在地址字段后分配 4 字节的空间存储子网掩码。RIPV2 使用地址字段和子网掩码字段区分网络、子网或主机。

　　➤　下一跳标识。使用下一跳标识,RIPV2 可以通过防止不必要的跳数而使转发更高效。该字段通常用于某一共享介质的网络,所有设备不全运行 RIP 协议的网络环境中。当下一跳字段为 0.0.0.0 时,下一跳是发送路由信息的路由器。当下一跳字段为其他值时,下一跳为该地址所指向的设备。该地址由接收路由设备直接可达。如果接收路由的设备不能直接到达下一跳字段所指向的地址,则下一跳字段作 0.0.0.0 处理。

　　➤　多播。它是将路由信息同时发送到多个运行 RIP 设备的技术。在共享介质网络或非广播多点访问网络上特别有效。传统的方法是将承载相同路由信息的多个数据包发送到不同接收地址,使用多播可以将一个包发送到多个目的地,多播技术不但能够减少协议的网络带宽开销,而且能有效减少运行 RIP 设备的处理开销。

9.4　实验环境与设备

　　➤　Cisco 2620 或 RG1762 路由器 2 台、已安装操作系统的 PC 机 2 台。

　　➤　Console 电缆 1 条、1.5 m 按 568B 方式制作的双绞线 2 条、V35 电缆 1 对。

　　➤　每组 2 位同学,各操作 1 台 PC,协同实验。

9.5 实验组网

RIP 基本原理实验组网如图 9-5 所示,其设备信息如表 9-1 所示。

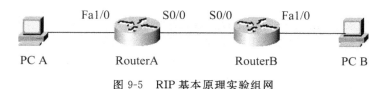

图 9-5 RIP 基本原理实验组网

表 9-1 RIP 基本原理实验设备信息表

设备名	端口	端口模式	IP 信息	
			IP 地址	网关
RouterA	Fa1/0	无	192.168.1.1/24	无
	S0/0	DTE,时钟 56000	192.168.2.1/24	无
RouterB	S0/0	无	192.168.2.2/24	无
	Fa1/0	无	192.168.3.1/24	无
PC A	RJ45	无	192.168.1.2/24	192.168.1.1
PC B	RJ45	无	192.168.3.2/24	192.168.3.1

注:如果路由器间选择以太网口,则不需配置时钟频率。

9.6 实验步骤

以 Cisco 2620 路由器为例进行 RIP 的基本配置。

步骤一:按照图 9-5 所示,用实验提供的线缆连接好各设备,注意这里 V.35 电缆的连接。

步骤二:按照表 9-1 配置 PC 的 IP 信息。

步骤三:路由器的配置。

RouterA:

Router#configure terminal

Router(config)#hostname Router_A

RouterA(config)#interface fastEthernet 1/0

RouterA(config-if)♯ip address 192.168.1.1 255.255.255.0

RouterA(config-if)♯no shutdown

RouterA(config-if)♯exit

RouterA(config)♯interface serial 0/0

RouterA(config-if)♯ip address 192.168.2.1 255.255.255.0

RouterA(config-if)♯clock rate 56000 　　//配置时钟频率,DCE端设备一定要配置
　　　　　　　　　　　　　　　　　　　　　　//如果选择的是以太网端口则不需配置

RouterA(config-if)♯no shutdown

RouterA(config-if)♯end

查看路由表:

RouterA♯show ip route

Codes:C-connected, S-static, R-RIP, M-mobile, B-BGP

　　　　D-EIGRP, EX-EIGRP external, O-OSPF, IA-OSPF inter area

　　　　N1-OSPF NSSA external type 1, N2-OSPF NSSA external type 2

　　　　E1-OSPF external type 1, E2-OSPF external type 2

　　　　i-IS-IS, su-IS-IS summary, L1-IS-IS level-1, L2-IS-IS level-2

　　　　ia-IS-IS inter area, *-candidate default, U-per-user static route

　　　　o-ODR, P-periodic downloaded static route

Gateway of last resort is not set

C　　　192.168.1.0/24 is directly connected, FastEthernet1/0

C　　　192.168.2.0/24 is directly connected, Serial0/0

　　　　　　　　　　　　　　　　　　　　　　　//在Router_B配置好IP后方可产生

说明系统自动产生了直联路由,现用RIP动态路由协议对路由器进行配置。

RouterA(config)♯router rip

RouterA(config-router)♯version 2 　　　　//选择RIP版本,默认为RIPV1

RouterA(config-router)♯network 192.168.1.0 　　//通告直连的网段

RouterA(config-router)♯network 192.168.2.0 　　//通告直连的网段

RouterA(config-router)♯end

当RouterB配置好IP及启用RIP协议后查看路由表:

RouterA♯show ip route

Codes:C-connected, S-static, R-RIP, M-mobile, B-BGP

　　　　D-EIGRP, EX-EIGRP external, O-OSPF, IA-OSPF inter area

　　　　N1-OSPF NSSA external type 1, N2-OSPF NSSA external type 2

　　　　E1-OSPF external type 1, E2-OSPF external type 2

　　　　i-IS-IS, su-IS-IS summary, L1-IS-IS level-1, L2-IS-IS level-2

　　　　ia-IS-IS inter area, *-candidate default, U-per-user static route

　　　　o-ODR, P-periodic downloaded static route

Gateway of last resort is not set

```
C       192.168.1.0/24 is directly connected, FastEthernet1/0
C       192.168.2.0/24 is directly connected, Serial0/0
R       192.168.3.0/24 [120/1] via 192.168.2.2, 00:01:49, Serial0/0
```

与前面路由表相比,多了一条路由,是 RIP 所生成的。

RouterB:

```
Router#config terminal
Router(config)#hostname RouterB
RouterB(config)#interface fastEthernet 1/0
RouterB(config-if)#ip address 192.168.3.1 255.255.255.0
RouterB(config-if)#no shutdown
RouterB(config-if)#exit
RouterB(config)#interface serial 0/0
RouterB(config-if)#ip address 192.168.2.2 255.255.255.0
RouterB(config-if)#no shutdown
RouterB(config-if)#end
```

查看路由表:

```
RouterB#show ip route
Codes: C - connected, S - static, R - RIP, M - mobile, B - BGP
       D - EIGRP, EX - EIGRP external, O - OSPF, IA - OSPF inter area
       N1 - OSPF NSSA external type 1, N2 - OSPF NSSA external type 2
       E1 - OSPF external type 1, E2 - OSPF external type 2
       i - IS-IS, su - IS-IS summary, L1 - IS-IS level-1, L2 - IS-IS level-2
       ia - IS-IS inter area, * - candidate default, U - per-user static route
       o - ODR, P - periodic downloaded static route

Gateway of last resort is not set
C       192.168.2.0/24 is directly connected, Serial0/0
C       192.168.3.0/24 is directly connected, FastEthernet1/0
```

说明系统自动产生了直联路由,现用 RIP 动态路由协议对路由器进行配置。

```
RouterB(config)#router rip
RouterB(config-router)#version 2
RouterB(config-router)#network 192.168.2.0
RouterB(config-router)#network 192.168.3.0
RouterA(config-if)#end
```

查看路由表:

```
RouterB#show ip route
Codes: C - connected, S - static, R - RIP, M - mobile, B - BGP
       D - EIGRP, EX - EIGRP external, O - OSPF, IA - OSPF inter area
       N1 - OSPF NSSA external type 1, N2 - OSPF NSSA external type 2
```

E1 – OSPF external type 1, E2 – OSPF external type 2

i – IS – IS, su – IS – IS summary, L1 – IS – IS level – 1, L2 – IS – IS level – 2

ia – IS – IS inter area, ∗ – candidate default, U – per – user static route

o – ODR, P – periodic downloaded static route

Gateway of last resort is not set

R   192. 168. 1. 0/24 [120/1] via 192. 168. 2. 1, 00：00：28, Serial0/0

C   192. 168. 2. 0/24 is directly connected, Serial0/0

C   192. 168. 3. 0/24 is directly connected, FastEthernet1/0

与前面路由表相比，多了一条路由，是 RIP 所生成的。

可在任何一台路由器查看 RIP 的更新报文，如在 RouterB 查看。

RouterB♯debug ip rip

∗Mar   1 00：35：47. 571：RIP：received v2 update from 192. 168. 2. 1 on Serial0/0

∗Mar   1 00：35：47. 571：   192. 168. 1. 0/24 via 0. 0. 0. 0 in 1 hops

∗Mar   1 00：35：52. 723：RIP：sending v2 update to 224. 0. 0. 9 via FastEther-
net1/0 (192. 168. 3. 1)

∗Mar   1 00：35：52. 723：RIP：build update entries

∗Mar   1 00：35：52. 723：   192. 168. 1. 0/24 via 0. 0. 0. 0, metric 2, tag 0

∗Mar   1 00：35：52. 723：   192. 168. 2. 0/24 via 0. 0. 0. 0, metric 1, tag 0

∗Mar   1 00：36：03. 935：RIP：received v2 update from 192. 168. 2. 1 on Serial0/0

∗Mar   1 00：36：03. 935：   192. 168. 1. 0/24 via 0. 0. 0. 0 in 1 hops

∗Mar   1 00：36：11. 007：RIP：sending v2 update to 224. 0. 0. 9 via Serial0/0
(192. 168. 2. 2)

∗Mar   1 00：36：11. 007：RIP：build update entries

∗Mar   1 00：36：11. 007：   192. 168. 3. 0/24 via 0. 0. 0. 0, metric 1, tag 0

∗Mar   1 00：36：17. 467：RIP：received v2 update from 192. 168. 2. 1 on Serial0/0

∗Mar   1 00：36：17. 467：   192. 168. 1. 0/24 via 0. 0. 0. 0 in 1 hops

上述为两台路由器间在规定时间以多播的方式向对方发送各自的路由表项
信息。

步骤四：PC A、PC B 分别接在路由器的快速以太网端口上，现对同一网段间的设备
进行测试，以及进行跨路由设备测试，详细的测试情况如表 9-2 所示。

表 9-2   测试结果

		所用命令	结果
同一网段	PC A—RouterA Fa1/0		
	PC B—RouterB Fa1/0		
	RouterA S0/0 — RouterB S0/0		

续　表

		所用命令	结果
不同网段	PC A—RouterA S0/0		
	PC A—RouterB S0/0		
	PC A—RouterB Fa1/0		
	PC A—PC B		

9.7　小　结

　　通过本次实验,深刻地了解了路由中动态路由协议的用法和优点,实践了 RIPV2 的配置,掌握了 RIP 路由器间路由更新的过程,并用 Ping 命令测试在同一网络内和不同网络中设备的连通性,加深了对 RIP 的理解。

实验 10

访问控制列表

10.1 实验目的

➤ 理解访问控制列表的控制原理。
➤ 掌握路由器、交换机上各类访问控制列表的应用及配置。

10.2 实验内容

使用交换机、路由器进行组网,按控制要求进行 ACL 的配置,并验证是否达到预期效果。

10.3 实验原理

10.3.1 概述

访问控制列表(access control lists,ACL)用来对分组进行过滤或检测,以决定将分组转发到目的地还是丢弃。ACL 技术在路由器等网络设备中被广泛采用,它是一种基于包过滤的流控制技术,将源地址、目的地址及端口号作为数据包检查的基本元素,并规定符合条件的数据包是否允许通过。ACL 通常应用在局域网的出口控制设备中,通过实施 ACL,可有效地部署网络出口策略。随着局域网内部网络资源的增加,为了保障这些资源的安全性,使用 ACL 来控制局域网内部资源的访问已成为网络管理员经常采用的一种手段。

ACL 可以有效地在交换机、路由器上运行而控制用户对网络资源的访问,它可以具体到两台网络设备间的网络应用,也可以按照网段进行大范围的访问控制管理,为网络应用提供了一个有效的安全手段。

10.3.2　工作原理

ACL 是一系列命令规则。配置好这些命令规则后,需要将这些命令规则与路由器的特定接口进行绑定,以实现具体的分组过滤功能。

当分组进入路由器的某一接口后,路由器首先检查该接口是否绑定了访问列表,如果绑定了访问列表,将该分组与访问列表中的命令语句进行比较,如果匹配,则执行访问控制列表中匹配语句的动作允许还是禁止该分组通过。分组执行过程中与 ACL 列表中的语句进行匹配,一旦匹配,则跳过余下的语句;如果不匹配,则依次执行各语句;如果所有的语句都不匹配,则执行默认隐藏的语句,隐藏语句默认是禁止。

10.3.3　使用原则

ACL 涉及的配置命令很灵活,功能也很强大,因此掌握 ACL 设置原则是很有必要的。

1. 最小特权原则

只给受控对象完成任务所必需的最小权限,最终实施的规则是各个规则的交集,只满足部分条件的受控对象不允许通过。

2. 最靠近受控对象原则

检查规则是 ACL 列表中自上而下一条一条检测的,只要发现符合条件的规则就立刻转发,不向下检测其他的 ACL 语句。

3. 默认丢弃原则

绝大部分设备中最后一句 ACL 默认加入了 Deny Any Any,也就是丢弃所有不符合条件的数据包。这一点要特别注意,虽然我们可以修改这个默认规则,但未改前一定要引起重视。

ACL 是使用包过滤技术实现的,过滤的依据仅是 OSI 参考模型中第三层和第四层包头中的部分信息,这种技术有一些固有的局限性,如无法识别到具体的人、应用的权限级别等。因此,要达到端到端的权限控制目的,需要与系统级及应用级的访问权限控制平台结合使用。

10.3.4　ACL 分类

访问控制列表主要分为标准 ACL 和扩展 ACL,区别主要体现在匹配和过滤流量的条件上。随着网络的发展和用户需求的变化,各类网络设备开始支持基于时间的访问列表(time access control lists,T-ACL),根据一天中不同的时间或者根据一周中不同的日期来控制对应类型数据包的转发,为网络的流量管理工作带来更大的便捷和灵活性。

1. 标准 ACL

一个标准 IP 访问控制列表只匹配 IP 包中源地址或目的地址的一部分,可对匹配的数据包采取拒绝或允许两个操作,编号取值范围是 1～99、1300～1999。

2. 扩展 ACL

扩展 IP 访问控制列表比标准 IP 访问控制列表具有更多的匹配项,包括协议类型、源地址、目的地址、源端口、目的端口、建立连接和 IP 优先级等,编号取值范围是 100～199、2000～2699。

10.3.5　ACL 格式

1. 标准 ACL

标准 ACL 命令主要有两个:Access-list、IP access-group。

➢　Access-list

该命令是全局配置命令,用于创建访问列表。

格式:access-list[list number][permit|deny][host|any][source address][wildcard-mask]

其中:

list number:标准访问列表的编号,取值范围是 1～99、1300～1999。

permit|deny:访问列表的动作,即允许或拒绝。

source address:源地址,是一台主机或一组主机的点分十进制表示的 IP 地址。

Host|any:主机匹配,host 和 any 分别用于指定单个主机和所有主机。

wildcard-mask:通配符掩码,与子网掩码的方式刚好相反,俗称"反码",用来指定地址中的必须匹配的地址,默认为 0.0.0.0。

➢　IP access-group

该命令是接口配置命令,用于将访问控制列表应用在接口上,并区别数据包的控制方向。

格式:IP access-group [list number][in|out]

其中:

list number:应用于接口访问列表的编号。

in|out:将 ACL 应用在入站方向还是出站方向。默认的访问是 OUT。

2. 扩展 ACL

扩展 ACL 命令类似于标准 ACL 命令,而且命令只有两个,只是命令的参数比标准的 ACL 相对复杂。

➢　Access-list

该命令是全局配置命令,用于创建访问列表。

格式:access-list [list number|word] [permit |deny] [protocol] [source address] [source-wildceard mask] [source port] [destination address] [destination-wildceard mask] [destination port]

其中:

list number|word:访问控制列表的序列号或者命名,取值范围是从 100～199、2000～2699。

permit|deny：是访问列表指定的动作，允许或禁止。

protocol：协议名，可以是 TCP、UDP、IP、ICMP 等。

source address：源 IP 地址。

source-wildceard mask：源地址掩码，如果使用关键字 host，则不用掩码。

source port：源端口。

destination address：目的地 IP 地址。

destination-wildceard mask：目的地址掩码，如果使用 host 关键字，则不用掩码。

➢　IP access-group

该命令是接口配置命令，用于将访问控制列表应用在接口上。

格式：IP access-group [list number][in|out]

其中：

list number：应用于接口的标准访问列表编号。

in|out：将 ACL 应用在入站方向还是出站方向。默认的访问是 OUT。

10.4　实验环境与设备

➢　Cisco 2620 或 RG1762 路由器 2 台、已安装操作系统的 PC 机 3 台。

➢　Console 电缆 1 条、1.5 m 按 568B 方式制作的双绞线 4 条、V35 电缆 1 对。

➢　每组 3 位同学，各操作 1 台 PC，协同实验。

10.5　实验组网

ACL 实验组网如图 10-1 所示，设备信息如表 10-1 所示。

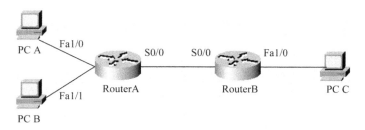

图 10-1　ACL 实验组网

表 10-1　ACL 实验设备信息

设备名	端口	端口模式	IP 信息	
			IP 地址	网关
RouterA	Fa1/0	无	192.168.10.1/24	无
	Fa1/1	无	192.168.20.1/24	
	S0/0	DTE,时钟 56000	192.168.30.1/24	无
RouterB	S0/0	无	192.168.30.2/24	无
	Fa1/0	无	192.168.40.1/24	无
PC A	RJ45	无	192.168.10.2/24	192.168.10.1
PC B	RJ45	无	192.168.20.2/24	192.168.20.1
PC C	RJ45	无	192.168.40.2/24	192.168.40.1

注：如果路由器间选择以太网口,则不需配置时钟频率。

10.6　实验步骤

以 Cisco 2620 路由器为例进行 ACL 的配置。

10.6.1　连通性配置

步骤一：按照图 10-1 所示,用实验提供的线缆连接好各设备,注意这里 V.35 电缆的连接。

步骤二：按照表 10-1 配置 PC 的 IP 信息。

步骤三：路由器的配置。此实验中各设备间的通信,路由采用 RIP 进行配置。

RouterA：

Router♯config terminal

Router(config)♯hostname RouterA

RouterA(config)♯interface serial 0/0

RouterA(config−if)♯ip address 192.168.30.1 255.255.255.0

RouterA(config−if)♯clock rate 56000　//如果选择的是以太网端口则不需配置

RouterA(config−if)♯no shutdown

RouterA(config−if)♯exit

RouterA(config)♯interface fastEthernet 1/0

RouterA(config−if)♯ip address 192.168.10.1 255.255.255.0

RouterA(config−if)♯no shutdown

RouterA(config - if)♯exit

RouterA(config)♯interface fastEthernet 1/1

RouterA(config - if)♯ip address 192. 168. 20. 1 255. 255. 255. 0

RouterA(config - if)♯no shutdown

RouterA(config - if)♯exit

RouterA(config)♯router rip

RouterA(config - router)♯version 2

RouterA(config - router)♯network 192. 168. 10. 0

RouterA(config - router)♯network 192. 168. 20. 0

RouterA(config - router)♯network 192. 168. 30. 0

RouterA(config - router)♯end

RouterB：

Router♯config terminal

Router(config)♯hostname Router_B

RouterB(config)♯interface serial 0/0

RouterB(config - if)♯ip address 192. 168. 30. 2 255. 255. 255. 0

RouterB(config - if)♯no shutdown

RouterB(config - if)♯exit

RouterB(config)♯interface fastEthernet 1/0

RouterB(config - if)♯ip address 192. 168. 40. 1 255. 255. 255. 0

RouterB(config - if)♯no shutdown

RouterB(config - if)♯exit

RouterB(config)♯router rip

RouterB(config - router)♯version 2

RouterB(config - router)♯network 192. 168. 30. 0

RouterB(config - router)♯network 192. 168. 40. 0

RouterB(config - router)♯end

查看路由器 B 的路由表：

RouterB♯sh ip route

Codes：C - connected, S - static, R - RIP, M - mobile, B - BGP

       D - EIGRP, EX - EIGRP external, O - OSPF, IA - OSPF inter area

       N1 - OSPF NSSA external type 1, N2 - OSPF NSSA external type 2

       E1 - OSPF external type 1, E2 - OSPF external type 2

       i - IS - IS, su - IS - IS summary, L1 - IS - IS level - 1, L2 - IS - IS level - 2

       ia - IS - IS inter area, * - candidate default, U - per - user static route

       o - ODR, P - periodic downloaded static route

Gateway of last resort is not set

R   192. 168. 10. 0/24 [120/1] via 192. 168. 30. 1, 00 : 00 : 14, Serial0/0

R   192.168.20.0/24 [120/1] via 192.168.30.1, 00 : 00 : 14, Serial0/0

C   192.168.30.0/24 is directly connected, Serial0/0

C   192.168.40.0/24 is directly connected, FastEthernet1/0

查看路由器 A 的路由表：

RouterA♯sh ip route

Codes：C - connected, S - static, R - RIP, M - mobile, B - BGP

        D - EIGRP, EX - EIGRP external, O - OSPF, IA - OSPF inter area

        N1 - OSPF NSSA external type 1, N2 - OSPF NSSA external type 2

        E1 - OSPF external type 1, E2 - OSPF external type 2

        i - IS - IS, su - IS - IS summary, L1 - IS - IS level - 1, L2 - IS - IS level - 2

        ia - IS - IS inter area, * - candidate default, U - per - user static route

        o - ODR, P - periodic downloaded static route

Gateway of last resort is not set

C   192.168.10.0/24 is directly connected, FastEthernet1/0

C   192.168.20.0/24 is directly connected, FastEthernet1/1

C   192.168.30.0/24 is directly connected, Serial0/0

R   192.168.40.0/24 [120/1] via 192.168.30.2, 00 : 00 : 01, Serial0/0

分析路由表，说明 RIP 路由配置成功。

步骤四：上述配置完成后，用命令测试各设备的连通性，如表 10-2 所示。

表 10-2　测试结果

		所用命令	结果
连通性	PC A—RouterA S0/0		
	PC A—RouterB S0/0		
	PC A—PC B		
	PC A—PC C		

10.6.2　标准 ACL 测试配置

在上述基本配置的基础上配置标准 ACL，禁止 PC A 访问 PC C，但可访问 PC B。此时 ACL 可加在路由器 A 上也可加在路由器 B 上，下面在路由器 B 上配置 ACL。

步骤一：配置标准 ACL。

RouterB(config)♯access - list 10 deny host 192.168.10.2

RouterB(config)♯access - list 10 permit any

RouterB(config)♯interface serial 0/0

RouterB(config - if)♯ip access - group 10 in　//相对于路由器 A 的 S0/0 来说是 in

RouterB(config - if)♯end

步骤二：上述配置完成后，用 Ping 命令测试各设备的连通性，如表 10-3 所示。

表 10-3　测试结果

		所用命令	结果
连通性	PC A—PC C		
	PC C—PC A		
	PC A—PC B		
	PC C—PC B		

10.6.3　扩展 ACL 测试配置

在上述基本配置的基础上配置扩展 ACL，禁止 PC A 访问 PC C 的 HTTP 服务，但可访问 PC B 的所有服务，PC B 访问 PC C 的一切服务正常。此时 ACL 可应用在路由器 A 上也可应用在路由器 B 上。下面在路由器 B 上配置 ACL。

步骤一：配置扩展 ACL

RouterB（config）＃ access － list 100 deny tcp 192.168.10.2 0.0.0.0 192.168.40.2 0.0.0.255 neq www

RouterB(config)＃access－list 100 permit ip any any

RouterB(config)＃interface serial 0/0

RouterB(config－if)＃ip access－group 100 in

RouterB(config－if)＃end

步骤二：上述配置完成后，用 Ping 命令测试各设备的连通性，如表 10-4 所示。

表 10-4　测试结果

		所用命令	结果
连通性	PC A—PC C		
	PC C—PC A		
	PC A—PC B		
	PC B—PC C		

10.7　小　结

通过本次实验，巩固了 RIP 的配置，理解了 ACL 的概念，学会了标准 ACL、扩展 ACL 的用途，实践了标准 ACL、扩展 ACL 在路由器上的配置，加深了对 ACL 的理解。

实验 11

网络地址转换

11.1 实验目的

➤ 理解 NAT 原理和实现方法。
➤ 掌握 NAT 的应用及配置,并通过路由器、交换机配置连通 Internet 的过程。

11.2 实验内容

➤ 使用 NAT 技术完成路由器的配置,使本地主机可以访问 Internet。
➤ 利用 NAT 反向技术,将内网服务器映射成公网服务器。

11.3 实验原理

11.3.1 原理

NAT(network address translation)顾名思义是网络 IP 地址转换,它是 IETF 标准,是一种把内部私有网络 IP 地址翻译成合法网络 IP 地址的技术,以解决 IP 日益短缺的问题。它可将多个内部地址映射为少数几个甚至一个公网地址,同时还起到了隐藏内部网络结构的作用,具有一定的安全性。但 NAT 不支持某些网络层安全协议,本地主机在外网并不可见,这使得跟踪和调试更加困难。其原理如图 11-1 所示。

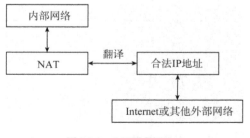

图 11-1　NAT 原理

虽然内部网络 IP 地址可以随机挑选,但是通常使用的是下面的保留地址,A 类地址:10.×.×.×,B 类地址:172.16.×.×—172.31.×.×,C 类地址:192.168.×.×,这里的×取值是 0~255。NAT 将这些无法在互联网上路由的 IP 地址翻译成可以在互联网上使用的合法 IP 地址。

11.3.2　技术类型

NAT 有三种类型:静态 NAT(static NAT)、动态 NAT(pooled NAT)、网络地址端口转换(network address port translation,NAPT)。

静态 NAT 的设置最为简单、容易实现,内部网络中的每个主机都被永久映射成外部网络中的某个合法的地址。动态 NAT 则是在外部网络中定义了一系列的合法地址,采用动态分配的方法映射到内部网络。NAPT 则是把内部地址映射到外部网络一个 IP 地址的不同端口上。根据不同的需要,三种方案各有利弊。

动态 NAT 在转换 IP 地址,它为每个内部 IP 地址分配一个临时的外部 IP 地址,主要应用于拨号,对于频繁的远程连接也可以采用动态 NAT。当远程用户连接上之后,动态 NAT 就会分配给它一个 IP 地址,用户断开时,这个 IP 地址就会被释放而留待以后使用。

网络地址端口转换是人们比较熟悉的一种转换方式,普遍应用于接入设备中,可以将中小型网络隐藏在一个合法的 IP 地址后面,提高其安全性。NAPT 与动态 NAT 不同,它将内部连接映射到外部网络中一个单独的 IP 地址上,同时在该地址加上一个由 NAT 设备选定的 TCP 端口号。

在 Internet 中使用 NAPT 时,所有不同的信息流看起来好像来源于同一个 IP 地址。这个优点在小型办公室内非常实用,使用者通过从 ISP 申请一个 IP 地址,将多个连接通过 NAPT 接入 Internet。实际上,许多 SOHO 远程访问设备支持基于 PPP 的动态 IP 地址。这样,ISP 甚至不需要支持 NAPT 就可以做到多个内部 IP 地址共用一个外部 IP 接入 Internet。

11.3.3　转换过程

NAT 转换过程如下:

(1) 当内部主机 X 用本地地址 IP-X 和 Internet 上的主机 Y 通信时,它所发送的数据包必须经过 NAT 路由器。转换过程如下:首先,第一个外传任务从内部主机初始化,内部私有地址将绑定一个外部地址。其次,所有其他的外传任务从相同的内部地址初始化,它将用相同的地址绑定来传输数据报。对 NAPT 而言,在许多内部地址映射到一个全球唯一地址时,绑定是从成对地址(私有 IP 地址,私有 TV 端口)到另外一对地址(指派地址,指派 TV 端口)。当基于单个地址或成对地址绑定的最后一个任务终止时,绑定将终止。

(2) NAT 路由器将数据报源地址 IP-X 转换成自己的全球地址 IP-C,但目的地址 IP-Y 保持不变,然后发送到 Internet。这里要修改 IP 地址(外传名修改源 IP 地址,内传包修改目的 IP 地址)和 IP 校验和。

当 NAT 路由器从 Internet 收到主机 Y 发回的数据包时,知道数据报中的源地址是 IP-Y 而目的地址是 IP-G。根据原来的记录(NAT 转换表),NAT 路由器知道这个数据包是要发送给主机 X 的,因此 NAT 路由器将目的地址 IP-G 转换为 IP-X,转发给最终的内部主机 X。NAPT 的工作过程如图 11-2 所示。

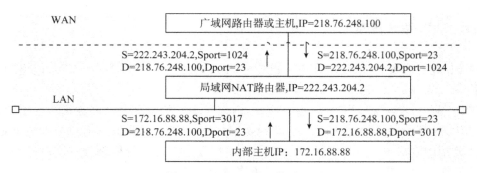

图 11-2　NAPT 的工作过程

NATP 是目前被大量使用的地址转换技术,它基于传输层端口进行地址转换。在 NAT 路由器中维护如表 11-1 所示的一张地址、端口对表,称 NAT 转换表。在进行报文转发时通过查表进行地址转换。

表 11-1　地址、端口对表

公网地址	公网端口	本地地址	本地端口
222.243.204.2	1024	172.16.88.88	3017

11.3.4　NAT 常用命令

ip nat:接口配置命令。在至少一个内部接口和一个外部接口上启用 NAT。

ip nat inside source static local-ip global-ip:全局配置命令。对内部局部地址使用静态地址转换时,用该命令进行地址定义。

access-list access-list-number local-ip-address:使用该命令为内部网络定义一个标准的 IP 访问控制列表。

ip nat pool pool-name start-ip end-ip netmask netmask [type rotary]:使用该命令为内部网络定义一个 NAT 地址池。

ip nat inside source list access-list-number pool pool-name [overload]:使用该命令定义访问控制列表与 NAT 内部全局地址池之间的映射。

ip nat outside source list access-list-number pool pool-name [overload]:使用该命令定义访问控制列表与 NAT 外部局部地址池之间的映射。

ip nat inside destination list access-list-number pool pool-name:使用该命令定义访问控制列表与终端 NAT 地址池之间的映射。

show ip nat translations:显示当前存在的 NAT 转换信息。

show ip nat statistics：查看 NAT 的统计信息。

show ip nat translations verbose：显示当前存在的 NAT 转换的详细信息。

debug ip nat：跟踪 NAT 操作,显示出每个被转换的数据包。

Clear ip nat translations：删除 NAT 映射表中的所有内容。

11.4　实验环境与设备

➢ Cisco 2620 或 RG1762 路由器 2 台、已安装操作系统的 PC 机 2 台。

➢ Console 电缆 1 条、1.5 m 按 568B 方式制作的双绞线 2 条、V35 电缆 1 对。

➢ 每组 2 位同学,各操作 1 台 PC,协同实验。

11.5　实验组网

MAT 本地网络访问 Internet 拓扑结构如图 11-3 所示,设备信息如表 11-2 所示。

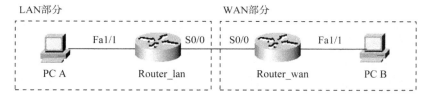

图 11-3　NAT 本地网络访问 Internet 拓扑结构

表 11-2　NAT 本地网络访问 Internet 实验设备信息

设备名	端口	端口模式	IP 信息	
			IP 地址	网关
Router_lan	Fa1/1	无	172.16.1.1/24	无
	S0/0	DTE,时钟 56000	200.1.8.7/24	无
Router_wan	S0/0	无	200.1.8.8/24	无
	Fa1/1	无	63.19.6.1/24	无
PC A	RJ45	无	172.16.1.2/24	172.16.1.1
PC B	RJ45	无	63.19.6.2/24	63.19.6.1

11.6 实验步骤

以 Cisco 2620 路由器为例进行 NAT 实验。

11.6.1 NAT 本地网络访问 Internet

步骤一：按照图 11-3 所示，用实验提供的线缆连接好各设备，注意这里 V.35 电缆的连接。

步骤二：按照表 11-2 配置 PC 的 IP 信息，其中 PC B 是模拟外网服务器。

步骤三：路由器的配置。

Router_lan：

```
Router#configure terminal
Router(config)#hostname Router_lan
Router_lan(config)#interface fastEthernet 1/0
Router_lan(config-if)#ip address 172.16.1.1 255.255.255.0
Router_lan(config-if)#no shutdown
Router_lan(config-if)#exit
Router_lan(config)#interface serial 0/0
Router_lan(config-if)#ip address 200.1.8.7 255.255.255.0
Router_lan(config-if)#no shutdown
Router_lan(config-if)#exit
Router_lan(config)#ip route 0.0.0.0 0.0.0.0 serial 0/0
Router_lan(config)#exit
Router_lan#show ip route
Codes：C-connected, S-static, I-IGRP, R-RIP, M-mobile, B-BGP
       D-EIGRP, EX-EIGRP external, O-OSPF, IA-OSPF inter area
       N1-OSPF NSSA external type 1, N2-OSPF NSSA external type 2
       E1-OSPF external type 1, E2-OSPF external type 2, E-EGP
       i-IS-IS, su-IS-IS summary, L1-IS-IS level-1, L2-IS-IS level-2
       ia-IS-IS inter area, *-candidate default, U-per-user static route
       o-ODR, P-periodic downloaded static route
Gateway of last resort is 0.0.0.0 to network 0.0.0.0
       172.16.0.0/24 is subnetted, 1 subnets
C      172.16.1.0 is directly connected, FastEthernet1/1
C      200.1.8.0/24 is directly connected, Serial0/0
```

S ＊　　0. 0. 0. 0/0 is directly connected，Serial0/0

Router_wan：

Router♯config terminal

Router(config)♯hostname Router_wan

Router_wan(config)♯interface fastEthernet 1/1

Router_wan(config－if)♯ip address 63. 19. 6. 1 255. 255. 255. 0

Router_wan(config－if)♯no shutdown

Router_wan(config－if)♯exit

Router_wan(config)♯interface serial 0/0

Router_wan(config－if)♯ip address 200. 1. 8. 8 255. 255. 255. 0

Router_wan(config－if)♯clock rate 56000

Router_wan(config－if)♯no shutdown

Router_wan(config－if)♯end

步骤四：上述配置完成后，用命令测试各设备的连通性，如表 11-3 所示。

表 11-3　测试结果

		所用命令	结果
连通性	PC A—PC B		
	PC C—Router_wan Fa1/1		
	PC A—Router_lan S0/0		
	PC A—Router_lan Fa1/1		

步骤五：配置 NAPT。

Router_lan：

Router_lan(config)♯interface fastEthernet 1/1

Router_lan(config－if)♯ip nat inside　　　　//定义 Fa1/1 为内网口

Router_lan(config－if)♯exit

Router_lan(config)♯interface serial 0/0

Router_lan(config－if)♯ip nat outside　　　//定义 S0/0 为外网口

Router_lan(config－if)♯exit

Router_lan(config)♯ip nat pool to_internet 200. 1. 8. 7 200. 1. 8. 7 netmask

255. 255. 255. 0　　　　　　　　　　　　　　//定义全局地址池

Router_lan(config)♯access－list 10 permit 172. 16. 1. 0 0. 0. 0. 255

　　　　　　　　　　　　　　//定义允许转换的地址，注意通配符位

Router_lan(config)♯ip nat inside source list 10 pool to_internet overload

　　　　　　　　　　　　　　//为内部本地调用转换地址池

在 PC A Ping PC B 后，在路由器 LAN 中查看 NAT 会话信息。

Router_lan♯sh ip nat translations

```
Pro Inside global          Inside local        Outside local        Outside global
icmp 200.1.8.7：62924      172.16.1.2：62924    63.19.6.2：62924     63.19.6.2：62924
icmp 200.1.8.7：59596      172.16.1.2：59596    200.1.8.8：59596     200.1.8.8：59596
icmp 200.1.8.7：63180      172.16.1.2：63180    63.19.6.2：63180     63.19.6.2：63180
icmp 200.1.8.7：62156      172.16.1.2：62156    63.19.6.2：62156     63.19.6.2：62156
icmp 200.1.8.7：59852      172.16.1.2：59852    200.1.8.8：59852     200.1.8.8：59852
icmp 200.1.8.7：62412      172.16.1.2：62412    63.19.6.2：62412     63.19.6.2：62412
icmp 200.1.8.7：60108      172.16.1.2：60108    200.1.8.8：60108     200.1.8.8：60108
icmp 200.1.8.7：62668      172.16.1.2：62668    63.19.6.2：62668     63.19.6.2：62668
```

步骤六：NAPT 配置完成后,查看路由表并对比,用命令测试各设备的连通性,根据结果思考原因。测试方法如表 11-4 所示。

表 11-4　测试结果

		所用命令	结果
连通性	PC A—PC B		
	PC C—Router_wan Fa1/0		
	PC A—Router_lan S0/0		
	PC A—Router_lan Fa1/0		

11.6.2　NAT 外部主机访问内部服务器

步骤一：按照图 11-3 所示,用实验提供的线缆连接好各设备,注意这里 V.35 电缆的连接。

步骤二：按照表 11-2 配置 PC 的 IP 信息,其中 PC A 是模拟内网服务器。

步骤三：接上述实验开始对路由器进行反向 NAT 的配置。

Router_lan(config)♯no ip nat pool to_internet 200.1.8.7 200.1.8.7 netmask 255.255.255.0

Router_lan(config)♯no access－list 10 permit 172.16.1.0 0.0.0.255

Router_lan(config)♯no ip nat inside source list 10 pool to_internet overload

Router_lan(config)♯ip nat pool webs 172.1.2 172.16.1.2 netmask 0.0.0.255
　　　　　　　　//定义内网服务器地址池

Router_lan(config)♯access－list 3 permit host 200.1.8.7 //定义公网 IP 地址

Router_lan(config)♯ip nat inside destination list 3 pool webs
　　　　　　　　//将外网的公网 IP 地址转换为 Web 服务器地址

Router_lan(config)♯ip nat inside source static tcp 172.16.1.2 80 200.1.8.7 80
　　　　　　　　//定义访问外网 IP 的 80 端口时转换为内网的服务器 IP 的 80 端口

步骤四：在外网的一台主机上通过 IE 浏览器访问 200.1.8.7,再在路由器 LAN 上查看 NAT 会话表。

```
Router_lan#show ip nat translations
Pro Inside global       Inside local      Outside local       Outside global
tcp 200.1.8.7：80       172.16.1.2：80     63.19.6.2：1026      63.19.6.2：1026
```

11.7　小　结

通过本次实验,理解了 NAT 的概念、原理及分类,并学会 NAT 配置的常用命令。还在路由器上实践了标准 NAT 及反向 NAT 的配置,加深了对各类 NAT 的理解。

实验 12

网络组建综合实验

12.1 实验目的

➢ 了解构建局域网时应注意的各种设计原则。
➢ 了解局域网中路由的设计技术及配置。
➢ 掌握网络需求分析方法和网络合理规划的步骤。

12.2 实验内容

➢ 根据实例进行需求分析，对实例网络按设计原则进行设计，并给出拓扑图。
➢ 根据前面所学的实验，以 ACL、NAT、路由、VLAN 等技术结合网络实际需求对网络设备进行配置。

12.3 实验原理

计算机网络组建是一项系统化工程，即网络工程，可描述为：为达到一定的目标，根据相关的标准规范并通过系统规划，按照相关设计方案将计算机网络的技术、系统和管理有机地集成到一起的一项工程。系统集成是网络工程实施的主要方法。网络工程主要涉及需求分析、规划设计、系统设计、网络技术的选用、设备及选型、系统集成、综合布线、接入技术、安全性及可靠性设计。

12.3.1　需求分析

网络需求分析是网络规划设计的第一步,也是最关键的一步,它是在网络设计过程中用来获取和确定系统需求的方法。需求分析是网络设计的基础,良好的需求分析有助于为后续工作建立一个稳定的根基。它一般包括网络建设目标分析、应用约束分析和技术分析等方面。分析时采用系统调查方法,包括了解应用背景、查询原有网络施工的技术文档以及与客户交流等手段。

12.3.2　规划设计

进行网络工程建设的首要工作是进行总体规划,细致深入的规划是网络工程成功建设的保证。一个好的规划能够起到事半功倍的效果。缺乏规划或规划粗略的网络,其扩展性、安全性、可靠性等都得不到保证,在实际的实施过程中也会遇到很多问题,不仅不能保证工期,而且工程质量难以保证。

网络工程不仅涉及很多技术问题,而且涉及管理、组织、经费、法律等很多其他方面的问题,因此必须遵循一定的网络系统分析与设计方法。网络规划的任务是对一些指标给出尽可能准确的分析和评估,包括需求分析以及网络的规模、结构、管理、扩展性、安全及与外部互联等方面。

由于网络要求为多种类型的应用服务,所以必须将所有的应用信息综合在一起才能决定最后的网络设计。在分析工作完成之后,要形成一份报告,在报告中说明网络必须完成的功能和达到的性能要求。分析报告一般包括网络解决方案的描述、网络规模、优点、网络现状、运行方式、安全性要求、可提供的应用、响应时间、节点的分布、可靠性、扩展性等。

12.3.3　系统设计

系统设计的主要任务是完成网络系统的结构和组成设计,确定网络的方案。设计完成后,要形成设计报告,该报告作为网络实现管理、维护、升级等基础的建设或基本框架。系统设计主要包括网络系统需求、体系结构设计、拓扑结构设计、IP 及子网设计、安全性设计。其基本原则是性价比高、统一建网模式、统一网络协议、保证可靠性和稳定性、保证先进性和适用性、具有良好的开放性和扩充性,在一定程度上要求安全性和保密性高、可维护性强等。

1. 系统需求

设计者必须拥有所有网络需求的详细说明,并根据优先级的高低将网络需求进行分类。

2. 体系结构设计

确定网络层次及各层次采用的协议。常用的网络体系结构主要有:ISO/OSI、TCP/

IP、SNA 等，与网络体系结构设计有关的内容包括传输入方式、客户接口、服务器、网络划分和互联设备等。设计完后应该用一张图表示网络体系设计结果。

3. 拓扑结构设计

拓扑结构设计是网络逻辑设计的第一步，主要确定各种设备以什么方式互连。在设计时应考虑网络的规模、网络体系结构、选用协议等各方面的因素。网络的物理结构、逻辑结构以及地址空间的层次化和模块化，有利于网络的构建和扩展。

物理结构选用经典的三层结构模型，由核心层、汇聚层和接入层组成。

➤ 核心层。它是网络的最高层，一般使用中高端交换机，它负责为整个大型交换网络提供快速交换。核心层的唯一目的就是将网络中的数据包以线速交换。因此，原则上核心层不应该设置安全策略对数据包的过滤（如 ACL）。因为这些活动会导致交换速率的下降。

➤ 汇聚层。它提供基于统一策略的互连性，它是核心层和访问层的分界点，定义了网络的边界，对数据包进行复杂的运算。主要提供的功能有：地址聚集，部门和工作组的接入，广播的定义，VLAN 间路由、介质的转换及安全控制。

➤ 接入层。主要功能是为最终用户提供网络访问的途径，也可以提供进一步的调整，如 Access-list Filtering 等，还可以提供分解带宽冲突、MAC 层过滤等（见图 12-1）。

图 12-1　经典三层结构设计模型

4. IP 规划及子网划分

IP 是一台主机在网络中唯一的标识，由类别字段、网络地址和主机地址组成。目前 IP 地址分为 A、B、C、D、E 五类。IP 地址的设计体现了分层设计思想，但类别的机械划分造成了 IP 地址的严重浪费，为此人们提出了子网的概念，其主要思想是把源 IP 地址的部分主机位借用为网络位，以增加网络数目，进而可以分配给更多的单位使用。

分配地址可采取的方法有很多，下面介绍四种方法。

➤ 按顺序分配。在一个大地址池中，取出需要的地址。如果网络规模比较大，地址空间会变得非常混乱，无法实施路由聚合以缩减路由表规模。

➤ 按行政分配。将地址分开，使每一部门都有一组可以供其使用的地址。若某些部门分布于不同地理位置，在大规模的网络中，这个方案会产生和按申请顺序分配方案相同的问题。

➤ 按地理位置分配。将地址分开，使每个地区都有一组可供其使用的地址。

➤ 按拓扑结构分配。该方式基于网络中设备的位置及逻辑关系分配地址。优点是：可以有效地实现路由聚合；缺点是：如果没有相应的图表或数据库参考，要确定一些连接之间的关系是相当困难的。这种情况，把它和前面三种方法结合起来会达到较好的效果。

下面给出四种地址分配方案的大致对比，如表 12-1 所示。

表 12-1　四种地址分配置方案对比

分配方案	特点
按顺序分配	无需规划,可管理性差
按行政分配	需要很少的规划,便于给机构中的某一部分分配地址,如果机构组织是按地域分的,这种方案比较好,否则网络缺乏可扩展性
按地理位置分配	需要规划,可以提供一定的聚合性
按拓扑结构分配	在大规模的网络中具备可聚合性,并能减少路由表的大小,扩展性好,比较容易配置和维护

上述是对所给出四种地址分配方案进行了对比,但在实际操作环境中,一般是按下述原则去选择地址分配方案的。

➢　管理便捷原则。对私有网络尽量采用 IANA 规定的私有地址段。

➢　整网原则。各个地址空间大小应是 2 的幂次,便于各种安全策略、路由策略的选择和设置。

➢　地域原则。一般高位用来标识级别高的地域,低位用来标识级别低的地域。

➢　业务原则。对越来越多的网络进行集中,允许不同的业务在同一个网络中传输,但不允许其相互访问。不同的业务通过地址中的某位来识别。

➢　地址节省原则。节省的方式有 NAT、地址代理、VLSM 等,目前一般采用的是 NAT、VLSM 两种方式。

5. 安全性

随着计算机技术的发展,尤其是网络和网络间互连规模的扩大,信息和网络系统的安全性日益受到重视。内部网络之间、内部网络与外部公共网络之间的互连导致私有网络系统和信息资源的安全性面临十分严峻的挑战。对网络安全造成威胁的主要有木马、病毒、网络攻击等因素。任何一个网络都会有弱点,所以网络安全也要求分层管理,以防止数据无意或有意地被破坏。针对安全问题,一般会采取用户安全培训、加密、访问控制、用户验证、增加防火墙等方式来加以解决。

6. 高可靠性

网络可靠性是指当设备或网络出现故障时,网络提供服务的不间断性。设计人员在设计网络时,应该考虑网络是否具有很高的容错能力,是否具有抵御外界环境和部分人为操作失误的能力,以保证单点故障尽可能小地影响整个网络的正常运作。可靠性一般通过设备本身的链路、路由、设备的备份来实现。可靠性设计又称可用性设计,设计技巧有设备冗余、模块冗余、线路冗余等。

7. 可管理性

随着网络规模的扩大和复杂程度的增加,管理和故障排除越来越困难,因此网络系统应该具有服务质量的控制机制。一般设备都支持 SNMP、RMON、HTTP、Telnet、命令行等网络管理方式。

8. 可扩展性

随着计算机技术和网络技术的迅速发展,用户的数量及用户对网络的使用需求不断增加,网络系统必然会不断扩大。因此,目前的网络设计必须为今后的扩展留下足够的空间。一个成功的网络设计应具备很强的扩展能力,无论在用户数量的支持上还是对目前各种网络标准的支持以及以后新型技术、新业务的支持上都应做好充分的准备。

9. 标准化

在一个网络中可能会有多个厂商的软硬件设备,为了保证用户的网络系统具有互操作性、稳定性、可管理、可扩展性,应建立一个开放式、遵循国际标准的网络系统。

12.3.4　设备及选型

网络设备主要包括工作站、网络适配器、服务器、网桥、路由器、防火墙、共享设备、前端通信处理机、加密解密设备、测试设备、UPS 电源等。根据网络技术和应用的不同,需考虑各种部件的选择。

12.3.5　接入技术

网络接入方式的结构,统称为网络的接入技术,其发生在连接网络与用户的最后一段路程,网络的接入部分是目前最有希望大幅提高网络性能的环节。对本地网来说这是一个瓶颈,它会与用户线路另一端的高性能设备形成鲜明的反差。目前常用的接入方式大致有电话拨号、ISDN、DDN、数字中继 PCM、XDSL、光纤等。

12.3.6　路由设计

在网络地址分配好后,就需要路由器指定数据包转发的路径,这些路径称为路由。当路由器正常工作时,路由存在于路由表中。常用的路由有静态路由和动态路由。

静态路由。它是建立路由表最简单的方法,对于规模较小、网络较好规划、拓扑结构稳定的网络,常选用静态路由。静态路由的静态属性必然使得它不能单独作用于多个网络。它常配合动态路由使用,尤其是缺省路由,Internet 中几乎 100% 的路由器都有一条缺省路由。

动态路由。它是按照相应的动态路由协议编写的,由运行于网络设备中的程序动态发现而产生的路由。基于动态路由协议可以动态地发现路由变化,并实现基于程序的路由策略。

在网络设计中,对某种路由协议的选取,重在考虑各种协议的不同应用场合及其之间的相互作用。实际组网中,选取路由协议有如下原则:

➢　路由能在选取的各种 IGP 之间进行快速而简洁的切换。

➢　尽量少的流量占用。

➢　在大型网络中,优先考虑其适应能力和健壮性。

➢　为充分利用地址资源,应优先考虑选用支持 VLSM 和 CIDR 的路由协议。

➢　考虑选取能用于不同 AS 之间的 EGP,如 BGP。

>　在复杂网络环境下,应考虑使用路由策略来控制路由的发布。

12.3.7　综合布线

综合布线是一个模块化的、灵活性极高的建筑物或建筑群内的信息传输系统。它影响到网络的性能、投资、使用、维护等诸多因素,是网络信息系统不可分割的重要组成部分。在实际的工程项目中需严格执行综合布线的相关原则。

12.3.8　安装和维护

前面的细致工作将使安装更顺利。如果网络设计者在前面的各阶段严格遵守规范,真正付出了努力,很多常见的安装问题都可以避免。安装阶段的主要功能是网络本身,但是要做好安装阶段的工作还得做好以下几点:

>　最后修改过的网络图,包括逻辑图和物理网络图。

>　做了清晰标记的线缆、连接器和设备。

>　所有可以为以后的维护和纠错带来方便的记录和文档,包括测试结果和新的数据流量记录。

所有软硬件在安装开始之前必须到位并进行测试,在网络最后投入运营之前,所有需要的资源都应该妥善安排,新的职员、培训和服务协议都是需要管理好的资源。这些资源的获得必须在安装阶段开始之前完成,如果在安装开始前,某个至关重要的子系统没能就位,部分或者整个系统可能就要重新设计,这种代价对施工方来说将是惨重的。这个过程的目的是回答问题、做出策略,以及在安装阶段开始之前发现问题。但是,再好的方案也会出现问题,所以设计者应该参加网络的安装工作。

12.3.9　实验背景

某大学需组建校园网,经过与用户、校方主管领导、网管等相关人员召开需求分析会,情况如下:

(1)校园从地域上来看有三个区域,分别是教学区、家属区、学生宿舍区。区域间相隔 900 m 以上,由于新老校区等历史原因,学校有一幢办公楼离家属区很近和一幢实验楼离学生宿舍比较近,因而决定将此幢办公楼的物理拓扑划入家属网络的范围,实验楼的物理拓扑划入学生区的范围。

(2)要求通过虚拟局域网技术将学生区、家属区、办公室、实验室等区域进行广播隔离,但各区用户能正常接入 Internet。

(3)整个网络用户的 IP 地址均采用自动获取的方式进行配置。

(4)不允许校内学生用户访问校外 FTP 资源服务器,但其他用户访问要求正常。

(5)要求设计人员采用经典三层结构、单链路设计校园网,并设计统一的网络管理平台,以方便网管人员进行网络的维护。

依据上述需求,设计如下网络案例进行本实验,对部分区域,采用单用户模式进行模拟,以方便实验。

12.4　实验环境与设备

➤　Cisco 2620 或 RG1762 路由器 2 台,Cisco 6506 或 RG8606 多层交换机 1 台,Cisco 4506 或 RG6506 三层交换机 3 台,Cisco 2950 或 RG2126G 6 台,安装好 DHCP、FTP、网络管理软件的服务器各 1 台,已安装操作系统的 PC 机 8 台。

➤　Console 电缆 1 条、1.5 m 按 568B 方式制作的双绞线 20 条、V.35 电缆 1 对。

➤　每组 8 位同学,各操作 1 台 PC,协同实验。

12.5　实验组网

根据实验背景,设计实验拓扑结构如图 12-2 所示,各设备及测试机的 IP 地址信息如表 12-2 所示。

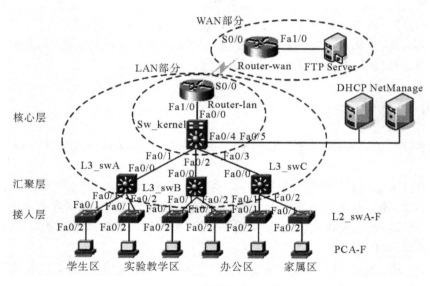

图 12-2　校园网设计拓扑结构

表 12-2　校园网各设备配置信息表

设备名	端口	所属 VLAN	端口模式	IP 信息	
				IP 地址	网关
FTP Server	RJ45	无	无	61.24.1.2/24	61.24.1.1
Router_wan	Fa1/0	无	无	61.24.1.1/24	无
	S0/0	无	无	222.243.204.3/24	
Router_lan	S0/0	无	DTE,时钟 56000	222.243.204.2/24	无
	Fa1/0	无	无	192.168.20.2/24	无
Sw_kernel	VLAN1	无	无	192.168.1.1/24	无
	VLAN16	无	无	192.168.16.1/24	无
	VLAN20	无	无	192.168.20.1/24	无
L3_swA	VLAN1	无	无	192.168.1.2/24	192.168.1.1
	VLAN10	无	无	192.168.10.1/24	
	VLAN11	无	无	192.168.11.1/24	
L3_swB	VLAN1	无	无	192.168.1.3/24	192.168.1.1
	VLAN12	无	无	192.168.12.1/24	
	VLAN13	无	无	192.168.13.1/24	
L3_swC	VLAN1	无	无	192.168.1.4/24	192.168.1.1
	VLAN14	无	无	192.168.14.1/24	
	VLAN15	无	无	192.168.15.1/24	
L2_swA	VLAN1	无	无	192.168.1.10/24	192.168.1.1
	VLAN10	无	无	无	无
	Fa0/0	VLAN1、10	trunk	无	无
	Fa0/1	VLAN10	Access	无	无
L2_swB	VLAN1	无	无	192.168.1.11/24	192.168.1.1
	VLAN11	无	无	无	无
	Fa0/0	VLAN1、11	trunk	无	无
	Fa0/1	VLAN11	Access	无	无
L2_swC	VLAN1	无	无	192.168.1.12/24	192.168.1.1
	VLAN12	无	无	无	无
	Fa0/0	VLAN1、12	trunk	无	无
	Fa0/1	VLAN12	Access	无	无
L2_swD	VLAN1	无	无	192.168.1.13/24	192.168.1.1
	VLAN13	无	无	无	无
	Fa0/0	VLAN1、13	trunk	无	无
	Fa0/1	VLAN13	Access	无	无

续 表

设备名	端口	所属 VLAN	端口模式	IP 信息	
				IP 地址	网关
L2_swE	VLAN1	无	无	192.168.1.14/24	192.168.1.1
	VLAN14	无	无	无	无
	Fa0/0	VLAN1、14	Trunk	无	无
	Fa0/1	VLAN14	Access	无	无
L2_swF	VLAN1	无	无	192.168.1.15/24	192.168.1.1
	VLAN15	无	无	无	无
	Fa0/0	VLAN1、15	Trunk	无	无
	Fa0/1	VLAN15	Access	无	无
DHCPserver	RJ45	VLAN16	无	192.168.16.10/24	192.168.16.1
NetManage	RJ45	VLAN1	无	192.168.1.100/24	192.168.1.1
PC A	RJ45	VLAN10	无	192.168.10.2/24	192.168.10.1
PC B	RJ45	VLAN11	无	192.168.11.2/25	192.168.11.1
PC C	RJ45	VLAN12	无	192.168.12.2/25	192.168.12.1
PC D	RJ45	VLAN13	无	192.168.13.2/25	192.168.13.1
PC E	RJ45	VLAN14	无	192.168.14.2/25	192.168.14.1
PC F	RJ45	VLAN15	无	192.168.15.2/24	192.168.15.1

注：如果路由器间选择以太网口,则不需要配置时钟频率。

12.6　实验步骤

以 Cisco 设备为例进行网络组建实验。

步骤一：按照图 12-2 所示,用实验提供的线缆连接好各设备,注意这里 V.35 电缆的连接。

步骤二：按照表 12-2 配置 PC 的 IP 信息,其中 PC B 是模拟外网服务器。

步骤三：设备的配置。

Router_wan：

Router♯config terminal

Router(config)♯hostname Router_wan

Router_wan(config)♯interface fastEthernet 1/0

Router_wan(config-if)♯ip address 61.24.1.1 255.255.255.0

Router_wan(config - if)♯no shutdown

Router_wan(config - if)♯exit

Router_wan(config)♯interface serial 0/0

Router_wan(config - if)♯ip address 222. 243. 204. 3 255. 255. 255. 0

Router_wan(config - if)♯no shutdown

Router_wan(config - if)♯end

Router_lan：

Router♯config terminal

Router(config)♯hostname Router_lan

Router_lan(config)♯interface fastEthernet 1/0

Router_lan(config - if)♯ip address 192. 168. 20. 2 255. 255. 255. 0

Router_lan(config - if)♯no shutdown

Router_lan(config - if)♯exit

Router_lan(config)♯interface serial 0/0

Router_lan(config - if)♯ip address 222. 243. 204. 2 255. 255. 255. 0

Router_lan(config - if)♯clock rate 56000

Router_lan(config - if)♯no shutdown

Router_lan(config - if)♯exit

Router_lan(config)♯ip route 0. 0. 0. 0 0. 0. 0. 0 222. 243. 204. 3

Router_lan(config)♯ip route 192. 168. 16. 0 255. 255. 240. 0 192. 168. 20. 1

Router_lan(config)♯interface fastEthernet 1/0

Router_lan(config - if)♯ip nat inside　　//定义 Fa1/0 为内网口

Router_lan(config - if)♯exit

Router_lan(config)♯interface serial 0/0

Router_lan(config - if)♯ip nat outside　　//定义 S0/0 为外网口

Router_lan(config - if)♯exit

Router_lan(config)♯ip nat pool to_internet 222. 243. 204. 3 222. 243. 204. 3

netmask 255. 255. 255. 0　　　　　　　　　　//定义全局地址池

Router_lan(config)♯access - list 10 permit 192. 168. 16. 0 0. 0. 16. 255

　　　　　　　　　　　　　　　　　//定义允许转换的地址，注意通配符位

Router_lan(config)♯ip nat inside source list 10 pool to_internet overload

　　　　　　　　　　　　　　//为内部调用转换地址池

Router_lan(config)♯end

Sw_kernel：

Switch♯config terminal

Switch(config)♯hostname Sw_kernel

Sw_kernel(config)♯ip dhcp relay information option

Sw_kernel(config)♯ip routing

```
Sw_kernel(config)#end
Sw_kernel#vlan database
Sw_kernel(vlan)#vlan 16
Sw_kernel(vlan)#vlan 20
Sw_kernel(vlan)#exit
Sw_kernel#config terminal
Sw_kernel(config)#interface fastEthernet 0/4
Sw_kernel(config-if)#switchport mode access
Sw_kernel(config-if)#switchport access vlan 16
Sw_kernel(config-if)#no shutdown
Sw_kernel(config-if)#exit
Sw_kernel(config)#interface fastEthernet 0/0
Sw_kernel(config-if)#switchport mode trunk
Sw_kernel(config-if)#switchport trunk native vlan 20
Sw_kernel(config-if)#no shutdown
Sw_kernel(config-if)#exit
Sw_kernel(config)#interface vlan 1
Sw_kernel(config-if)#ip address 192.168.1.1 255.255.255.0
Sw_kernel(config-if)#no shutdown
Sw_kernel(config-if)#exit
Sw_kernel(config)#interface vlan 16
Sw_kernel(config-if)#ip address 192.168.16.1 255.255.255.0
Sw_kernel(config-if)#ip helper-address 192.168.16.10
Sw_kernel(config-if)#no shutdown
Sw_kernel(config-if)#exit
Sw_kernel(config)#interface vlan 20
Sw_kernel(config-if)#ip address 192.168.20.1 255.255.255.0
Sw_kernel(config-if)#no shutdown
Sw_kernel(config-if)#exit
Sw_kernel(config)#ip route 0.0.0.0 0.0.0.0 192.168.20.2
Sw_kernel(config)#ip route 192.168.10.0 255.255.255.0 192.168.1.2
Sw_kernel(config)#ip route 192.168.11.0 255.255.255.0 192.168.1.2
Sw_kernel(config)#ip route 192.168.12.0 255.255.255.0 192.168.1.3
Sw_kernel(config)#ip route 192.168.13.0 255.255.255.0 192.168.1.3
Sw_kernel(config)#ip route 192.168.14.0 255.255.255.0 192.168.1.4
Sw_kernel(config)#ip route 192.168.15.0 255.255.255.0 192.168.1.4
Sw_kernel(config-if)#exit
Sw_kernel(config)#ip routing
```

Sw_kernel(config)#end

查看路由表：

Sw_kernel#show ip route

*Mar 100:19:10.227：%SYS-5-CONFIG_I：Configured from console by consolete

Codes：C-connected, S-static, R-RIP, M-mobile, B-BGP

　　　　D-EIGRP, EX-EIGRP external, O-OSPF, IA-OSPF inter area

　　　　N1-OSPF NSSA external type 1, N2-OSPF NSSA external type 2

　　　　E1-OSPF external type 1, E2-OSPF external type 2

　　　　i-IS-IS, su-IS-IS summary, L1-IS-IS level-1, L2-IS-IS level-2

　　　　ia-IS-IS inter area, *-candidate default, U-per-user static route

　　　　o-ODR, P-periodic downloaded static route

Gateway of last resort is not set

S　　192.168.12.0/24 [1/0] via 192.168.1.3

S　　192.168.13.0/24 [1/0] via 192.168.1.3

S　　192.168.14.0/24 [1/0] via 192.168.1.4

S　　192.168.15.0/24 [1/0] via 192.168.1.4

S　　192.168.10.0/24 [1/0] via 192.168.1.2

S　　192.168.11.0/24 [1/0] via 192.168.1.2

S　　0.0.0.0/0 [0/0] via 192.168.20.2

配置 ACL,禁止学生访问校外 FTP。

Sw_kernel(config)#access-list 100 deny ip 192.168.10.0 0.0.0.255

61.24.1.2 0.0.0.0 neq ftp

Sw_kernel(config)#access-list 100 permit ip any any

Sw_kernel(config)#interface fastEthernet 0/0

Sw_kernel(config-if)#ip access-group 100 in

Sw_kernel(config-if)#end

L3_swA：

Switch#config terminal

Switch(config)#hostname L3_swA

L3_swA(config)#exit

L3_swA#vlan database

L3_swA(vlan)#vlan 10

L3_swA(vlan)#vlan 11

L3_swA(vlan)#exit

Switch#config terminal

L3_swA(config)#ip dhcp relay information option　　//启用 DHCP 中继代理

L3_swA(config)#interface vlan 1

L3_swA(config-if)#ip address 192.168.1.2 255.255.255.0

L3_swA(config - if)♯ip helper - address 192. 168. 16. 10   //指定 DHCP 服务器地址

L3_swA(config - if)♯no shutdown

L3_swA(config - if)♯exit

L3_swA(config)♯interface vlan 10

L3_swA(config - if)♯ip address 192. 168. 10. 1 255. 255. 255. 0

L3_swA(config - if)♯ip helper - address 192. 168. 16. 10

L3_swA(config - if)♯no shutdown

L3_swA(config - if)♯exit

L3_swA(config)♯interface vlan 11

L3_swA(config - if)♯ip address 192. 168. 11. 1 255. 255. 255. 0

L3_swA(config - if)♯ip helper - address 192. 168. 16. 10

L3_swA(config - if)♯no shutdown

L3_swA(config - if)♯exit

L3_swA(config)♯interface fastEthernet 0/0

L3_swA(config - if)♯switchport mode access

L3_swA(config - if)♯switchport access vlan 1

L3_swA(config - if)♯no shutdown

L3_swA(config - if)♯exit

L3_swA(config)♯interface fastEthernet 0/1

L3_swA(config - if)♯switchport mode trunk

L3_swA(config - if)♯switchport trunk allowed vlan 10

L3_swA(config - if)♯no shutdown

L3_swA(config)♯interface fastEthernet 0/2

L3_swA(config - if)♯switchport mode trunk

L3_swA(config - if)♯switchport trunk allowed vlan 11

L3_swA(config - if)♯no shutdown

L3_swA(config)♯ip routing

L3_swA(config)♯ip route 0. 0. 0. 0 0. 0. 0. 0 192. 168. 1. 1

查看路由：

L3_swA♯show ip route

Codes：C - connected, S - static, R - RIP, M - mobile, B - BGP

　　　　D - EIGRP, EX - EIGRP external, O - OSPF, IA - OSPF inter area

　　　　N1 - OSPF NSSA external type 1, N2 - OSPF NSSA external type 2

　　　　E1 - OSPF external type 1, E2 - OSPF external type 2

　　　　i - IS - IS, su - IS - IS summary, L1 - IS - IS level - 1, L2 - IS - IS level - 2

　　　　ia - IS - IS inter area, * - candidate default, U - per - user static route

　　　　o - ODR, P - periodic downloaded static route

Gateway of last resort is 192. 168. 1. 1 to network 0. 0. 0. 0

```
C        192.168.10.0/24 is directly connected, VLAN10
C        192.168.11.0/24 is directly connected, VLAN20
C        192.168.1.0/24 is directly connected, VLAN1
S        0.0.0.0/0 [0/0] via 192.168.1.1
```

其他 2 台三层交换机和 L3_swA 配置一样,唯一不同的是 VLAN 和 IP 地址不同。请实验人员注意配置不同的 VLAN 和 IP 地址。

L2_swA：

```
Switch#config terminal
Switch(config)#hostname L2_swA            //其他 5 台交换机,交换机名不同
L2_swA(config)#exit
L2_swA(config)#exit
L2_swA#vlan database
L2_swA(vlan)#vlan 10                       //其他 5 台创建 VLAN 时,ID 不同
L2_swA(vlan)#exit
L2_swA#config terminal
L2_swA(config)#interface vlan 1            //配置 VLAN1 管理 VLAN 的 IP 地址
L2_swA(config-if)#ip address 192.168.1.10 255.255.255.0
L2_swA(config-if)#no shutdown
L2_swA(config-if)#exit
L2_swA(config)#ip default-gateway 192.168.1.1   //配置二层交换默认 VLAN 网关
L2_swA(config)#interface fastEthernet 0/0
L2_swA(config-if)#switchport mode trunk
L2_swA(config-if)#no shutdown
L2_swA(config-if)#exit
L2_swA(config)#interface fastEthernet 0/1
L2_swA(config-if)#switchport mode access
L2_swA(config-if)#switchport access vlan 10      //其他 5 台的 sVLAN,ID 不同
L2_swA(config-if)#no shutdown
L2_swA(config-if)#end
```

验证配置查看 VLAN：

```
L2_swA#show vlan
VLAN   Name           Status    Ports
1      default        active    Fa0/2, Fa0/3, Fa0/4, Fa0/5
                                Fa0/6, Fa0/7, Fa0/8, Fa0/9
                                Fa0/10, Fa0/11, Fa0/12, Fa0/13
                                Fa0/14, Fa0/15
10     VLAN0010       active    Fa0/1
1002   fddi-default   active
```

```
1003    token－ring－default    active
1004    fddinet－default        active
1005    trnet－default          active
```

VLAN	Type	SAID	MTU	Parent	RingNo	BridgeNo	Stp	BrdgMode	Trans1	Trans2
1	enet	100001	1500	－	－	－	－	－	1002	1003
10	enet	100010	1500	－	－	－	－	－	0	0
1002	fddi	101002	1500	－	－	－	－	－	1	1003
1003	tr	101003	1500	1005	0	－	－	srb	1	1002
1004	fdnet	101004	1500	－	－	1	ibm	－	0	0
1005	trnet	101005	1500	－	－	1	ibm	－	0	0

其他 5 台二层交换机和 L2_swA 配置一样，唯一不同的是 VLAN 和 IP 地址不同。请实验人员注意配置不同的 VLAN ID。

注：上面配置只是模拟设备中的配置命令，实验设备根据设备命令系统自行更改。

步骤四：用 Ping 命令测试各设备的连通性，根据结果思考原因。测试方法如表 12-3 所示。

表 12-3　测试结果

		所用命令	结果
连通性	PC A－PC B		
	PC A－PC C		
	PC A－PC D		
	PC A－PC E		
	PC A－PC F		
	PC A－L2_swA VLAN 1		
	PC A－L3_swA VLAN 1		
	PC A－Sw_kernel VLAN 1		
	PC A－Sw_kernel Fa0/0		
	PC A－Router_lan Fa0/0		
	PC A－Router_lan S0/0		
	PC A－Router_wan S0/0		
	PC A－DHCP Server		
	PC A－FTP Server		

12. 7 小 结

通过本次实验,理解了网络设计的概念、原理及工作步骤,学会了与客户沟通完后,怎样做网络设计的需求分析,从而得出设计方案。此实验还模拟了一个全新校园网络的设计建设步骤及设备配置,也是对前面所学实验的综合应用,进一步巩固了以前各实验的知识。

第 2 篇　扩展实验

■　**本篇概述**

　　本篇共 3 个实验,其中验证性实验 1 个,扩展应用实验 2 个。本篇在交换机、路由器的基本功能之上提出了新的应用。通过本篇的学习,学生可以理解网络构建和管理过程中经常遇到的一些问题及其解决方案。

■　**实验内容**
- ✓　镜像
- ✓　级联和堆叠
- ✓　策略路由的工作原理及应用

实验 13

镜　像

13.1　实验目的

➤ 理解镜像的功能和应用场合。
➤ 掌握端口镜像和流镜像的基本原理和配置方法。

13.2　实验内容

在交换机上配置 VLAN,将 2 台 PC 置于不同的 VLAN 中,对交换机端口进行镜像配置,操作被镜像端口连接的 PC 机发出一个访问动作(如访问指定 FTP 服务器),再用数据包分析工具 Sniffer 对所接收到的镜像数据进行分析。

13.3　实验原理

13.3.1　概述

在网络维护和故障排除的过程中,首先会根据已有的网络现象进行故障分析和判断,但是如果掌握的故障信息不够或网络需要进行一定的监控优化,我们经常采用的一种手段就是监控数据包,也就是我们通常所说的镜像。镜像分为两种,一种是端口镜像,另一种是流镜像。

(1) 端口镜像,是指将某些指定端口或者是 VLAN(出或入方向)的数据流量映射到监控端口,以便集中使用数据捕获软件进行数据分析。端口镜像既可以实现一个端口向一个监控端口(也称为目的端口)镜像,也可以实现多个端口向一个监控端口镜像。

(2)流镜像,是指按照一定的数据流分类规则(如 ACL)对数据进行镜像,然后将指定流的所有数据映射到监控端口,以便进行数据分析。

13.3.2　SPAN

Cisco 的端口镜像叫做 switched port analyzer,简称 SPAN(仅在 IOS 系统中),它的作用主要是给某种网络分析器提供网络数据流。它既可以实现一个 VLAN 中若干源端口向一个监控端口镜像数据,也可以从若干个 VLAN 向一个监控端口镜像数据。

1. SPAN 原理

Cisco 的 SPAN 分成三种,分别是 SPAN、RSPAN 和 VSPAN。SPAN 是指源端口和目的端口都在同一台机器上;RSPAN 是指目的端口和源端口不在同一交换机上,即远程镜像;VSPAN 可以镜像整个或数个 VLAN 到一个目的端口。原理如图 13-1 所示。

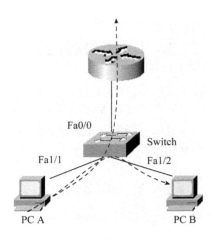

图 13-1　镜像原理

源端口 Fa1/1 上流转的所有数据流均被镜像至本机的 Fa1/2 号监控端口,而数据分析设备通过监控端口接收了所有来自 Fa1/1 号端口的数据流。

SPAN 不会影响源端口的数据交换也不会影响交换机的正常工作,它只是将源端口发送或接收的数据包副本复制到监控端口中。当一个 SPAN 任务被建立后,根据交换机所处的不同状态或操作,任务会处于激活或非激活状态,同时系统会将其记入日志。通过"show monitor session"命令可显示 SPAN 的当前状态。如果遇到系统重新启动的情况,在目的端口初始化结束之前,SPAN 任务将处于非激活状态。目的端口可以是交换机上的任意一个交换或路由端口。当一个目的端口处于激活状态时,任何发送到该端口且与 SPAN 任务无关的数据包将会被丢弃。

目的端口又可以称为监端口,它只能处于一个 SPAN 任务中。当一个端口被配成目的端口后就不能再成为源端口,同时冗余链路端口也不能成为 SPAN 的目的端口。特别需要指出的是,如果一个 Trunk 端口被配置成为 SPAN 的目的端口,则其 Trunk 功能也将自动停止。

源端口又可以称为被监控端口。在一个 SPAN 任务中,用户可以通过参数控制来指明需要监控的数据流种类;可以有一个或多个源端口,而且可以根据用户需要设置为输入方向、输出方向或双向,但无论哪种情况,在一个 SPAN 任务中,所有源端口的被监控方向都必须是一致的。Trunk 端口可以单独设为源端口,也可以与非 Trunk 端口一起被设置为源端口,但是,监控端口不会识别来自 Trunk 端口针对不同 VLAN 的数据封装格式,在监控端口收到的数据包将无法辨明来自哪个 VLAN。

2. SPAN 数据流分类

SPAN 数据流主要分为三类：

> 输入数据流(ingress SPAN)：是指被源端口接收进来的数据，其副本发送至监控端口的数据流。

> 输出数据流(egress SPAN)：是指从源端口发送出去的数据，其副本发送至监控端口的数据流。

> 双向数据流(both SPAN)：即为输入数据流和输出数据流的综合。

3. 基于 VLAN 的 SPAN

基于 VLAN 的 SPAN 是以一个或几个 VLAN 作为监控对象，其中所有端口均为源端口，与基于端口的 SPAN 类似，基于 VLAN 的 SPAN 也分为输入数据流、输出数据流和双向数据流监控三种类型。

基于 VLAN 的 SPAN 任务过程有如下特点：

> Trunk 端口可以包含在源端口中。

> 针对双向 SPAN 任务，如果在源 VLAN 中两个源端口之间有数据交换，则每一个数据包将有两个副本被转发至镜像端口。

> 对有多个源 VLAN 的 SPAN 任务来说，如果某个源 VLAN 被删除掉，则该 VLAN 也将从源 VLAN 列表中删除。

> 处于非激活状态的 VLAN 无法参与 SPAN 任务。

> 对于一个设置为输入数据流监控的源 VLAN 来说，来自其他 VLAN 的路由信息数据包不会被镜像；此外，从设置为输出数据流监控的 VLAN 向其他 VLAN 发送出的路由信息数据包也同样不会被镜像。总之，基于 VLAN 的 SPAN 任务只对进出二层交换端口的数据包进行镜像，而不镜像 VLAN 之间的路由信息。

所有网间传输的非路由数据包，包括组播包和 BPDU(桥接协议数据单元)包，都可以使用 SPAN 任务进行镜像。

13.4　实验环境与设备

> Cisco 2950 或 RG2126G 交换机 1 台、已安装操作系统的 PC 机 2 台。

> Console 电缆 1 条、1.5 m 按 568B 方式制作的双绞线 3 条。

> 每组 2 位同学，各操作 1 台 PC，协同实验。

13.5　实验组网

端口镜像拓扑结构如图 13-2 所示,设备信息如表 13-1 所示。

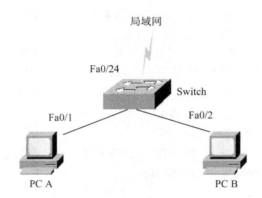

图 13-2　端口镜像拓扑结构

表 13-1　端口镜像配置设备信息

设备名	端口	VLAN	IP 信息	
			IP 地址	网关
Switch	Fa0/0	VLAN 1、10	192.168.1.2/24	无
	Fa1/1	VLAN 10	无	无
	Fa1/2	镜像端口	无	无
PC A	RJ45	无	192.168.10.2/24	192.168.10.1

13.6　实验步骤

以下用 Cisco 2950 进行实验。

步骤一:按照图 13-2 所示,用实验提供的线缆连接好各设备。

步骤二:按照表 13-1 配置各设备 IP 信息。

步骤三:交换机配置如下:

```
Switch#config terminal
Switch(config)#vlan 10                        //创建 VLAN10
Switch(config-vlan)#exit
Switch(config)#interface fastEthernet 0/1
```

```
Switch(config - if)♯switchport mode access
Switch(config - if)♯switchport access vlan 10
Switch(config - if)♯exit
Switch(config)♯interface fastEthernet 0/3
Switch(config - if)♯switchport mode access
Switch(config - if)♯switchport access vlan 10
Switch(config - if)♯exit
Switch(config - if)♯interface fastEthernet 0/24
Switch(config - if)♯switchport mode trunk
Switch(config - if)♯switchport trunk allowed vlan all
Switch(config - if)♯exit
```

13.6.1　将 Fa0/1 的所有数据镜像到 Fa0/2

```
Switch(config)♯monitor session 1 source interface fastEthernet 0/1 both
                                //一共有三种方式：RX、TX、Both
Switch(config)♯monitor session 1 destination interface fastEthernet 0/2
                     //如果是带 Trunk 的端口，需在之后加上 encapsulation
Switch(config)♯end
```

查看 Monitor 是否配置成功：

```
Switch♯show monitor session 1
Session 1
Type              : Local Session
Source Ports      :
Both              : Fa0/1
Destination Ports : Fa0/2
Encapsulation     : Native
Ingress           : Disabled
```

13.6.2　将 VLAN10 的所有数据镜像到 Fa0/2

```
Switch(config)♯no monitor session 1    //去掉原来的镜像 1
Switch(config)♯monitor session 1 source remote vlan 10
Switch(config)♯monitor session 1 destination interface fastEthernet 0/2
Switch(config)♯exit
```

查看 Monitor 是否配置成功：

```
Switch♯show monitor session 1
Session 1
```

```
Type                    : Remote Destination Session
Source RSPAN VLAN       : 10
Destination Ports       : Fa0/2
Encapsulation           : Native
Ingress                 : Disabled
```

步骤四：利用协议分析器对端口 0/1 或 VLAN10 的数据流量进行分析（见图 13-3）。

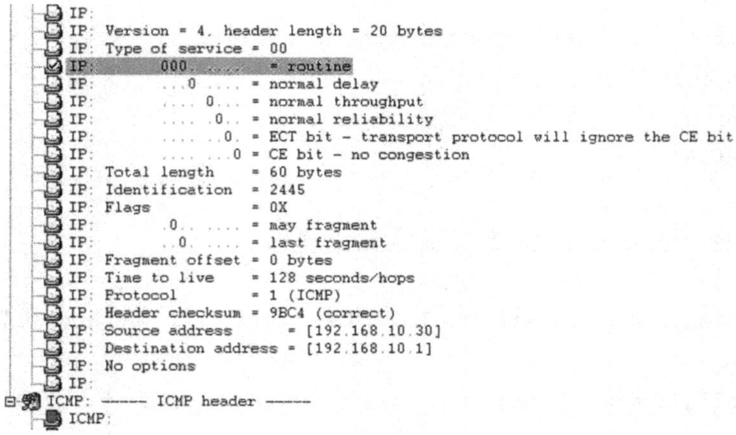

```
IP:
IP: Version = 4, header length = 20 bytes
IP: Type of service = 00
IP:     000. ....  = routine
IP:     ...0 ....  = normal delay
IP:     .... 0...  = normal throughput
IP:     .... .0..  = normal reliability
IP:     .... ..0.  = ECT bit - transport protocol will ignore the CE bit
IP:     .... ...0  = CE bit - no congestion
IP: Total length   = 60 bytes
IP: Identification = 2445
IP: Flags          = 0X
IP:     .0.. ....  = may fragment
IP:     ..0. ....  = last fragment
IP: Fragment offset = 0 bytes
IP: Time to live   = 128 seconds/hops
IP: Protocol       = 1 (ICMP)
IP: Header checksum = 9BC4 (correct)
IP: Source address      = [192.168.10.30]
IP: Destination address = [192.168.10.1]
IP: No options
IP:
ICMP: ------ ICMP header ------
ICMP:
```

图 13-3 数据包分析

13.7 小 结

通过本次实验，掌握了镜像的相关知识，加深了理解镜像在网络维护和故障排除过程
中所起的作用。

实验 14

交换机的级联和堆叠

14.1 实验目的

➤ 理解交换机级联、堆叠的工作原理。
➤ 掌握交换机堆叠的配置。

14.2 实验内容

按实验拓扑图连接交换机,并配置主交换机的优先级,再将从交换机加入,查看设备的配置信息,理解堆叠配置的整个过程。

14.3 实验原理

多台交换机的连接方式有两种方式:级联和堆叠。本实验针对这两种连接方式,分别介绍其实现原理及连接方法。

14.3.1 级联

级联是最常见的连接方式,就是使用双绞线将两个交换机进行连接。连接的结果是在实际的网络中它们仍然各自工作,仍然是两个独立的交换机。需要注意的是,交换机不能无限制级联,超过一定数量的交换机进行级联,最终会引起广播风暴,导致网络性能严重下降。级联又分为普通端口级联和 Uplink 端口级联两种。

1. 普通端口级联

普通端口级联是通过交换机的某一个常用端口(如 RJ45 端口)进行连接。在很多不支持交叉线和直通线自动识别的交换机中连接时所用的连接双绞线要用交叉线,即双绞线一端是按 568A 规则排线序,另一端是按 568B 规则排线序。其连接如图 14-1 所示。

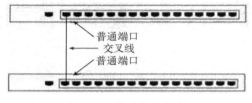 

图 14-1   普通端口级联   14-2   Uplink 端口级联

2. Uplink 端口级联

在大部分交换机端口中(主要是非网管交换机),在旁边都会包含一个 Uplink 端口。此端口是专门为上行连接提供的,只需通过直通双绞线将该端口连接至其他交换机上除 Uplink 端口外的任意端口即可。其连接如图 14-2 所示。

级联的优点是可以延长网络的距离,理论上可以通过双绞线和多级的级联方式无限远地延长网络距离。级联后,在管理过程中仍然是多个不同的网络设备。另外,级联基本上不受设备的限制,不同厂家的设备可以任意级联。级联的缺点是多个设备的级联会产生级联瓶颈。

14.3.2   堆叠

堆叠技术主要在大型网络中对端口数量需求比较高的情况下使用。堆叠是扩展端口最快捷、最便利的方式,同时堆叠后的背板带宽是单一交换机背板速率的几十倍。但是,并不是所有的交换机都支持堆叠,这取决于交换机的品牌、型号是否支持堆叠,并且还需要使用专门的堆叠电缆和堆叠模块。同一堆叠组中的交换机必须是同一品牌的。组中的所有交换机可视为一个整体的交换机来进行管理,其配置方法和单机配置基本相同。堆叠技术的最大优点就是提供简化的本地管理,从而可以将一组交换机作为一个对象来管理。目前流行的堆叠模式主要有菊花链模式和星形模式两种。

1. 菊花链模式

菊花链模式堆叠是一种基于级联结构的堆叠技术,对交换机硬件没有特殊的要求,通过相对高速的端口串接和软件的支持,最终实现构建一个多交换机的层叠结构,通过环路,可以在一定程度上实现冗余。但是,就交换效率来说,同一模式下的交换机处于同一层次。菊花链式堆叠通常有使用一个高速端口和两个高速端口的模式,两者的结构如图 14-3 所示。使用一个高速端口(GE)的模式下,在同一个端口数据的收发分上行和下行,最终形成一个环形结构,任何两台成员交换机之间的数据交换都需环绕一周,经过所有交换机的交换端口,效率较低,尤其是在堆叠层数较多时,堆叠端口会成为严重的系统瓶颈。使用两个高速端口实施菊花链模式堆叠时,由于占用更多的高速端口,可以选择实现环形冗余。菊花链模式堆叠与级联模式相比，不存在拓扑管理，一般不能进行分布式布置，适用于高密度端口需求的单节点机构，也可以使用在网络的边缘。

菊花链模式结构由于需要排除环路所带来的广播风暴，所以在正常情况下，任何时刻，环路中某一从交换机到达主交换机只能通过一个高速端口进行，另一个高速端口不能分担本交换机的上行数据压力而只能进行链路的冗余（见图 14-3）。

菊花链模式堆叠是一类简化的堆叠技术，主要是一种提供集中管理的扩展端口技术，对于多交换机之间的转发效率并没有提升（单端口方式下效率将远低于级联模式），需要硬件提供更多的高速端口，同时软件实现 Uplink 的冗余。菊花链模式堆叠的层数一般不应超过 4 层，要求所有的堆叠组成员摆放的位置足够近，一般在同一机柜之上。

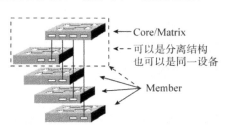

图 14-3　菊花链式堆叠　　　　　　　　　　　图 14-4　星形堆叠

2. 星形模式

星形堆叠技术是一种高级堆叠技术，对交换机而言，需要提供一个独立的或者集成的高速交换中心（堆叠中心），所有的堆叠主机通过专用的或通用的高速端口上行到统一的堆叠中心，堆叠中心一般是一个基于专用 ASIC 芯片的硬件交换单元，根据其交换容量，带宽一般在 10～32 GB，其 ASIC 交换容量限制了堆叠的层数，如图 14-4 所示。

星形堆叠技术使所有的堆叠组成员交换机到达堆叠中心 Matrix 的级数缩小到一级，任何两个端节点之间的转发需要且只需要经过 3 次交换，转发效率与一级级联模式的边缘节点通信结构相同，因此，与菊花链模式相比，它可以显著地提高堆叠成员之间数据的转发速率，同时提供统一的管理模式。一组交换机在网络管理中，可以作为单一的节点出现。

星形堆叠模式适用于要求高效率、高密度端口的单节点 LAN，它克服了菊花链模式堆叠多层次转发时的高时延影响，但需要提供高带宽 Matrix，成本较高，而且 Matrix 接口一般不具有通用性，无论是堆叠中心还是成员交换机的堆叠端口都不能用来连接其他网络设备。使用高可靠、高性能的 Matrix 芯片是星形堆叠的关键。一般的堆叠电缆带宽都在 2～2.5 GB（双向），比通用 GE 略高。高出的部分通常只用于成员管理，所以有效数据带宽基本与 GE 类似。但由于涉及专用总线技术，电缆长度一般不能超过 2 m，所以，星形堆叠模式下，所有的交换机需要局限在一个机柜之内。

堆叠的优点是不会产生性能瓶颈，因为通过堆叠，可以增加交换机的背板带宽，不会产生性能瓶颈。通过堆叠可以在网络中提供高密度的集中网络端口，根据设备的不同，一般情况下最可以支持 8 台设备堆叠，这样就可以在某一位置提供上百个端口。堆叠后的设备在网络管理过程中就变成了一个网络设备，只要赋予一个 IP 地址，方便管理，也节约管理成本。堆叠的缺点主要是受设备限制，并不是所有的交换机都支持堆叠，若厂家、型号不同,进行堆叠可能需要特定的设备的支持。由于受到堆叠线缆长度的限制,堆叠的交换机之间的距离要求很近。另外,不同厂家的设备有时不能很好地兼容。

14.4　实验环境与设备

❯　Cisco 2950 或 RG2126G 二层交换机 2 台、已安装操作系统的 PC 机 1 台。

❯　Console 电缆 1 条、RG 专用堆叠线 2 根、RG-M2131 模块 2 块。

❯　每组 1 位同学,操作 PC 进行实验。

14.5　实验组网

RG 交换机堆叠拓扑结构如图 14-5 所示。

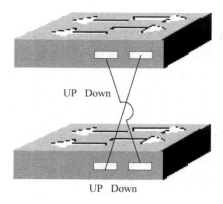

图 14-5　RG 交换机堆叠拓扑结构

14.6　实验步骤

以下用 RG2126G 进行实验。

步骤一:按照图 14-5 所示,将实验设备摆放好。

步骤二:将堆叠模块 M2131 分别插入两台交换机(先不连接线缆)开机。

步骤三:在单机模式下配置堆叠主交换机 S2126G-1,配置如下:

S2126G-1(config)♯member 1

　　　　　　//配置设备号为 1,取值范围为 1～n,n 为堆叠的设备数量

S2126G - 1(config)♯device - priority 10
　　　　　　　　//配置优先级为 10,取值范围为 1～10,默认值是 1,优先级最高的
　　　　　　　　交换机将成为堆叠主机

验证测试: 验证堆叠主机的配置。

S2126G - 1♯show member　　　　　　//显示堆叠成员信息

member	MAC address	priority alias	SWVer HWVer
1	00d0. f8ef. 9d08	10	1. 3 1. 0

S2126G - 1♯show version devices　　　　//显示堆叠主机设备信息

Device	Slots	Description
1	3	S2126G

S2126G - 1♯show version slots　　　//显示堆叠主机设备插槽信息

Device	Slot	Ports	Max Ports	Module
1	0	24	24	S2126G_Static_Module
1	1	0	1	
1	2	0	1	M2131 - Stack_Module

　　步骤四: 验证堆叠组的配置信息。配置了堆叠主机后,将其他交换机用堆叠电缆按图 14-5 中所示连接起来,此时各交换机自动成为一个堆叠组,显示 1 台大交换机,有关信息显示如下:

S2126G - 1♯show member　　　　　　//显示堆叠组成员

Member	MAC address	priority alias	SWVer	HWVer
1	00d0. f8ef. 9d08	10	1. 3	1. 0
2	00d0. f8fe. 1e48	1	1. 3	1. 0

S2126G - 1♯show version devices　　　//显示堆叠组设备信息

Device	Slots	Description
1	3	S2126G
2	3	S2126G

S2126G - 1♯show version slots　　//显示堆叠组设备插槽信息

Device	Slot	Ports	Max Ports	Module
1	0	24	24	S2126G_Static_Module
1	1	0	1	
1	2	0	1	M2131 - Stack_Module
2	0	24	24	S2126G_Static_Module
2	1	0	1	M2131 - Stack_Module
2	2	0	1	

S2126G - 1♯show vlan　　　　　　//显示堆叠组 VLAN 信息

VLAN	Name	Status	Ports
1	default	active	Fa1/0/1,Fa1/0/2,Fa1/0/3
			Fa1/0/4,Fa1/0/5,Fa1/0/6
			Fa1/0/7,Fa1/0/8,Fa1/0/9
			Fa1/0/10,Fa1/0/11,Fa1/0/12
			Fa1/0/13,Fa1/0/14,Fa1/0/15
			Fa1/0/16,Fa1/0/17,Fa1/0/18
			Fa1/0/19,Fa1/0/20,Fa1/0/21
			Fa1/0/22,Fa1/0/23,Fa1/0/24
			Fa2/0/1,Fa2/0/2,Fa2/0/3
			Fa2/0/4,Fa2/0/5,Fa2/0/6
			Fa2/0/7,Fa2/0/8,Fa2/0/9
			Fa2/0/10,Fa2/0/11,Fa2/0/12
			Fa2/0/13,Fa2/0/14,Fa2/0/15
			Fa2/0/16,Fa2/0/17,Fa2/0/18
			Fa2/0/19,Fa2/0/20,Fa2/0/21
			Fa2/0/22,Fa2/0/23,Fa2/0/24

其中,端口号 F1/0/1 中的 1、0、1 分别表示堆叠成员号、模块号、接口号。

步骤五:配置堆叠组里的成员交换机。在很多交换机堆叠组中可以不配置,因为配置了堆叠组主交换后,成员交换机会自动加入。

```
S2126G-1(config)#member 2                    //进入成员交换机 2
S2126G-1@2(config)#device-priority 5         //设置成员 2 的优先级为 5
S2126G-1@2(config)#interface fastEthernet 0/1
S2126G-1@2(config-if)#switchport access vlan100    //分配成员 2 的接
                                                     口给 VLAN100
```

验证测试:验证成员交换机的配置。

```
S2126G-1#show member
```

member	MAC address	priority alias	SWVer HWVer
1	00d0.f8ef.9d08	10	1.3 1.0
2	00d0.f8fe.1e48	5	1.3 1.0

查看各交换机配置信息,理解堆叠的配置过程。

14.7　小　结

通过本次实验,实践了交换机堆叠的配置,深入理解了级联和堆叠的原理。

实验 15

策略路由

15.1 实验目的

➢ 理解策略路由的概念。
➢ 掌握策略路由的工作原理及应用,能熟练配置路由器的策略路由。

15.2 实验内容

首先在路由器上作基本配置,并测试连通性;然后在路由器上配置策略路由,并用PING 命令测试网络的连通性。思考策略路由配置前后测试数据包的路径。

15.3 实验原理

15.3.1 概述

传统的路由策略(routing policy)都是从路由协议派生出来的路由表,根据目的地址进行报文的转发。在这种机制下,路由器只能根据报文的目的地址为用户提供比较单一的路由选择方式,它更多的是解决网络数据的转发问题,而不能提供有差别的服务。

基于策略的路由为网络管理者提供了比传统路由协议对报文的转发和存储更强的控制能力。应用策略路由(policy-based routing),必须要指定策略路由使用的路由图,并且要创建路由图。一个路由图由很多条策略组成,每个策略都定义了 1 个或多个匹配规则和相应操作。一个接口应用策略路由后,将对该接口接收到的所有包进行检查,不符合路由图任何策略的数据包将按照通常的路由转发进行处理,符合路由图中某个策略的数据包就按照该策略中定义的操作进行处理。策略路由比传统路由控制能力更强,使用更灵活,它使网络管理者不仅能够根据目的地址,而且能够根据协议类型、报文大小、应用、IP 源地址或者其他的策略来选择转发路径。策略可以根据实际应用的需要进行定义,来控制多个路由器之间的负载均衡、单一链路上报文转发的 QoS 或者满足某种特定需求。

15.3.2　策略路由分类

策略路由的种类大体上分为如下两种:
(1) 目的地址路由:根据路由的目的地址来进行策略实施。
(2) 源地址路由:根据路由源地址来进行策略实施。
随着策略路由的发展,现在有了第三种路由方式,即智能均衡的策略方式。

15.3.3　策略路由的应用

策略路由在我国最大的应用是在电信、网通和移动等多家 ISP 间的互联互通上,我国的网络环境是南电信、北网通,电信的用户访问网通较慢,网通的用户访问电信也较慢。因此,双线路及多线路就应运而生了。这种情况下,双线路的普及使得策略路由就有了较大的用武之地,通过在路由设备上添加策略路由的方式,可成功地实现电信数据使用电信线路,网通数据使用网通线路。这种应用一般都属于目的地址路由。

由于光纤的费用比较昂贵,于是在很多地方都采用了光纤加 ADSL 的方式(近年来,基本上是全光纤链路)。这样的使用就出现了两条线路不如一条线路快的现象,通过使用策略路由让一部分优先级较高的用户机走光纤,另一部分级别低的用户机走 ADSL,这种应用就属于源地址路由。

而现在出现的第三种策略方式:智能均衡策略,就是两条线不管是网通还是电信,光纤还是 ADSL,都能自动识别,并且自动地采取相应的策略方式,是策略路由的发展趋势。

15.4　实验环境与设备

➤　Cisco 3640 或 RG1762 路由器 2 台、已安装操作系统的 PC 机 4 台。
➤　Console 电缆 1 条、1.5 m 按 568B 方式制作的双绞线 6 条、V35 电缆 1 对。
➤　每组 4 位同学,各操作 1 台 PC,协同实验。

15.5　实验组网

策略路由实验拓扑结构如图 15-1 所示，设备配置信息如表 15-1 所示。

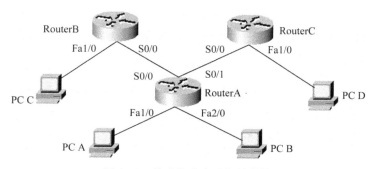

图 15-1　策略路由实验拓扑结构

表 15-1　策略路由实验设备配置信息

设备名	端口	时钟	IP 信息	
			IP 地址	网关
RouterA	S0/0	Clock 56000	192.168.1.2/24	无
	S0/1	Clock 56000	192.168.2.2/24	无
	Fa1/0	无	192.168.3.1/24	无
	Fa2/0	无	192.168.4.1/24	无
RouterB	S0/0	无	192.168.1.1/24	无
	Fa1/0	无	192.168.5.1/24	无
RouterC	S0/0	无	192.168.2.1/24	无
	Fa1/0	无	192.168.6.1/24	无
PC A	RJ45	无	192.168.3.2/24	192.168.3.1
PC B	RJ45	无	192.168.4.2/24	192.168.40.1
PC C	RJ45	无	192.168.5.2/24	192.168.5.1
PC D	RJ45	无	192.168.6.2/24	192.168.6.1

15.6　实验步骤

以下用 Cisco 3640 进行实验。

步骤一：按照图 15-1 所示，用实验提供的线缆连接好各设备。

步骤二：按照表 15-1 配置各设备 IP 信息。

步骤三：路由器配置如下。

RouterA：

```
Router#configure terminal
Router(config)#hostname RouterA
RouterA(config)#interface serial 0/0
RouterA(config-if)#ip address 192.168.1.2 255.255.255.0
RouterA(config-if)#clock rate 56000
RouterA(config-if)#no shutdown
RouterA(config-if)#exit
RouterA(config)#interface serial 0/1
RouterA(config-if)#ip address 192.168.2.2 255.255.255.0
RouterA(config-if)#clock rate 56000
RouterA(config-if)#no shutdown
RouterA(config-if)#exit
RouterA(config)#interface fastEthernet 1/0
RouterA(config-if)#ip address 192.168.3.1 255.255.255.0
RouterA(config-if)#no shutdown
RouterA(config-if)#exit
RouterA(config)#interface fastEthernet 2/0
RouterA(config-if)#ip address 192.168.4.1 255.255.255.0
RouterA(config-if)#no shutdown
RouterA(config-if)#exit
RouterA(config)#ip route 0.0.0.0 0.0.0.0 192.168.1.1
RouterA(config)#end
```

RouterB：

```
Router#config terminal
Router(config)#hostname RouterB
RouterB(config)#interface serial 0/0
RouterB(config-if)#ip address 192.168.1.1 255.255.255.0
RouterB(config-if)#no shutdown
RouterB(config-if)#exit
```

RouterB(config)♯interface fastEthernet 1/0

RouterB(config-if)♯ip address 192.168.5.1 255.255.255.0

RouterB(config-if)♯no shutdown

RouterB(config-if)♯exit

RouterB(config)♯ip route 192.168.3.0 255.255.255.0 192.168.1.2

RouterB(config)♯ip route 192.168.4.0 255.255.255.0 192.168.1.2

RouterB(config)♯end

RouterC：

Router♯config terminal

Router(config)♯hostname RouterC

RouterC(config)♯interface serial 0/0

RouterC(config-if)♯ip address 192.168.2.1 255.255.255.0

RouterC(config-if)♯no shutdown

RouterC(config-if)♯exit

RouterC(config)♯interface fastEthernet 1/0

RouterC(config-if)♯ip ad

RouterC(config-if)♯ip address 192.168.6.1 255.255.255.0

RouterC(config-if)♯no shutdown

RouterC(config-if)♯exit

RouterC(config)♯ip route 192.168.3.0 255.255.255.0 192.168.2.2

RouterC(config)♯ip route 192.168.4.0 255.255.255.0 192.168.2.2

RouterC(config)♯end

步骤四：查看路由表，测试连通性。

RouterA♯show ip route

Codes：C-connected, S-static, R-RIP, M-mobile, B-BGP

　　　　D-EIGRP, EX-EIGRP external, O-OSPF, IA-OSPF inter area

　　　　N1-OSPF NSSA external type 1, N2-OSPF NSSA external type 2

　　　　E1-OSPF external type 1, E2-OSPF external type 2

　　　　i-IS-IS, su-IS-IS summary, L1-IS-IS level-1, L2-IS-IS level-2

　　　　ia-IS-IS inter area, *-candidate default, U-per-user static route

　　　　o-ODR, P-periodic downloaded static route

Gateway of last resort is 192.168.1.1 to network 0.0.0.0

C　　　192.168.4.0/24 is directly connected, FastEthernet2/0

C　　　192.168.1.0/24 is directly connected, Serial0/0

C　　　192.168.2.0/24 is directly connected, Serial0/1

C　　　192.168.3.0/24 is directly connected, FastEthernet1/0

S *　　0.0.0.0/0 [1/0] via 192.168.1.1

观察路由器 A 路由表，并用命令按照表 15-2 列出的信息检测各设备间的连通性。

表 15-2　测试结果

		所用命令	结果
不同网段	PC A—RouterA S0/0		
	PC A—RouterA S0/1		
	PC A—RouterB S0/0		
	PC A—RouterC S0/0		
	PC B—RouterA S0/0		
	PC B—RouterA S0/1		
	PC B—RouterB S0/0		
	PC B—RouterC S0/0		
	PC A—PC C		
	PC A—PC D		
	PC B—PC C		
	PC B—PC D		

步骤五：接上述步骤配置策略路由，要求 192.168.4.0 网段，通过 192.168.2.1 路由器访问 PC D，192.168.3.0 网段，通过 192.168.1.1 路由器访问 PC C。

```
RouterA(config)#no ip route 0.0.0.0 0.0.0.0 192.168.1.1
RouterA(config)#access-list 1 permit 192.168.3.2
RouterA(config)#route-map test1 permit 20          // test1 为自定义命名
RouterA(config-route-map)#match ip address 1
RouterA(config-route-map)#set ip next-hop 192.168.1.1
RouterA(config-route-map)#exit
RouterA(config)#interface Fa1/0
RouterA(config-if)#ip policy route-map test1          //启动策略路由快速转发
RouterA(config-if)#exit
RouterA(config)#access-list 2 permit 192.168.4.2
RouterA(config)#route-map test2 permit 10
RouterA(config-route-map)#match ip address 2
RouterA(config-route-map)#set ip next-hop 192.168.2.1
RouterA(config-route-map)#exit
RouterA(config)#interface Fa2/0
RouterA(config-if)#ip policy route-map test2
RouterA(config-if)#exit
```

查看所应用到的接口：

```
RouterA#show ip interface fastEthernet 2/0
FastEthernet2/0 is up, line protocol is up
```

Internet address is 192. 168. 4. 1/24

Broadcast address is 255. 255. 255. 255

Address determined by non – volatile memory

MTU is 1500 bytes

Helper address is not set

Directed broadcast forwarding is disabled

Outgoing access list is not set

Inbound access list is not set

Proxy ARP is enabled

Local Proxy ARP is disabled

Security level is default

Split horizon is enabled

ICMP redirects are always sent

ICMP unreachables are always sent

ICMP mask replies are never sent

IP fast switching is enabled

IP fast switching on the same interface is disabled

IP Flow switching is disabled

IP CEF switching is enabled

IP CEF Feature Fast switching turbo vector

IP multicast fast switching is enabled

IP multicast distributed fast switching is disabled

IP route – cache flags are Fast, CEF

Router Discovery is disabled

IP output packet accounting is disabled

IP access violation accounting is disabled

TCP/IP header compression is disabled

RTP/IP header compression is disabled

Policy routing is enabled, using route map test2　　　　//表示策略路由已启用,映
　　　　　　　　　　　　　　　　　　　　　　　　　　　　　　射是 test2

Network address translation is disabled

WCCP Redirect outbound is disabled

WCCP Redirect inbound is disabled

WCCP Redirect exclude is disabled

BGP Policy Mapping is disabled　　　　　　　　　　　　　查看 Route – map

RouterA # show route – map

route – map test2, permit, sequence 10

Match clauses：

ip address (access – lists)：2

Set clauses：

ip next – hop 192.168.2.1

Policy routing matches：22 packets, 2816 bytes

route – map test1, permit, sequence 20

Match clauses：

ip address (access – lists)：1

Set clauses：

ip next – hop 192.168.1.1

Policy routing matches：10 packets, 1280 bytes

步骤六：测试连通性。

观察路由器 A 路由表，与前面的路由表对比看有什么不同，并用 Ping 命令按照表 15-3
列出的信息检测各设备间的连通性。

表 15-3　测试结果

		所用命令	结果
不同网段	PC A—RouterA S0/0		
	PC A—RouterA S0/1		
	PC A—RouterB S0/0		
	PC A—RouterC S0/0		
	PC B—RouterA S0/0		
	PC B—RouterA S0/1		
	PC B—RouterB S0/0		
	PC B—RouterC S0/0		
	PC A—PC C		
	PC A—PC D		
	PC B—PC C		
	PC B—PC D		

15.7　小　结

通过本次实验，理解了策略路由的概念及工作原理，实践了策略路由在路由器上的基
本配置，掌握了策略路由的应用。

第 3 篇　进阶实验

■ **本篇概述**

本篇共 2 个实验,均为网络组建中的高端应用,主要应用于大中型网络的设计。通过本篇的学习,学生将了解大中型网络设计中处理环形链路的方法和大型路由协议的应用。

■ **实验内容**

✓ 生成树协议的原理及应用

✓ OSPF 动态路由协议的原理及应用

实验 16

生成树协议

16.1 实验目的

➤ 理解生成树的概念。
➤ 掌握生成树协议的工作原理和各类生成树协议的应用。
➤ 掌握 RSTP 在单 VLAN 中的应用及 MSTP 在多 VLAN 间的应用，并能熟练对设备进行相关配置。

16.2 实验内容

➤ 实验交换机环路，在已产生环路的交换机两端连接 PC 机并互相 Ping，查看延时。
➤ 在交换网络中配置 RSTP，并修改 RSTP 计时器参数的缺省值，以减少交换机发送 BPDU 报文对网络带宽的消耗，加快网络收敛。
➤ 在交换机中配置 MSTP，并与 RSTP 进行配置上的对比，思考不同之处。

16.3 实验原理

16.3.1 概述

生成树协议（spanning-tree protocol，STP）是一种二层协议，通过一种专用的算法来发现网络中的物理环路并产生一个逻辑的无环（loop-free）拓扑结构，它用于维护一个无环路的网络。STP 由数字设备公司（digital equipment corporation，DEC）最先提出，经

IEEE 802 委员会修改后,在 IEEE 802.1D 规范中公布。IEEE 802.1D 的 STP 算法与DEC 公司的 STP 算法是不同的,也不兼容。

STP 的目的是维护一个无环路的网络拓扑。当交换机或网桥在拓扑中发现环路时,它们会自动地在逻辑上阻塞一个或多个冗余的端口,从而获得无环路的拓扑。STP还会不断地探测网络,以便在链路、交换机、网桥失效或增加时及时调整网络拓扑(见图16-1)。

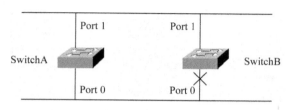

图 16-1　防止环路

如图 16-1 所示的简单交换网络中,消除交换环路可以有多种选择,如将交换机 B 的Port 0 状态转为阻塞状态,交换机 A 的 Port 0 和交换机 B 的 Port 0 之间的连接就中断了,交换环路自然随之消失。一旦交换机 A 的 Port 1 和交换机 B 的 Port 1 之间的连接中断,交换机 B 的 Port 0 就会恢复成为可用状态,正常转发通信流量。

IEEE 802.1D 标准定义的 STP 协议,收敛速度为 50 s,对于当今的网络需求来说,其收敛速度太慢。为了解决 STP 协议的这个缺陷,IEEE 推出了 802.1W 标准,作为对802.1D 标准的补充。在新的标准 IEEE 802.1W 中定义了快速生成树(rapid spanning tree protocol,RSTP)协议,其最快收敛速度为 1 s 内,突破了现有的局限性。

16.3.2　端口类型

启用了生成树协议后,网络中各交换机的端口会有不同的工作状态,而生成树协议下的各端口都被定义相关的名称,端口类型如图 16-2 所示。

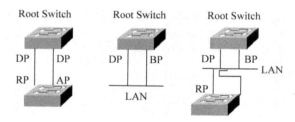

图 16-2　STP 端口类型

(1) 根端口(root port, RP),是非根交换机中具有到根交换机的最短路径的端口。

(2) 替换端口(alternate port, AP),非根交换机中的端口,一旦根端口 RP 失效,该端口就立刻变为根端口。

(3) 指定端口(designated port, DP),是根交换机中的端口,每个 LAN 通过该端口连接到根交换机。

实训 4

大中型校园网的组建

4.1 实训目的

➤ 通过本实训项目,要求把所学的 RIP、NAT、VLAN、二层交换技术、三层交换技术等知识点综合应用。
➤ 提高学生组建大中型校园网的能力。

4.2 实训学时

每组 16 学时,学生人数由指导老师根据学生对知识的掌握程度进行限定,每组不得超过 4 人。

4.3 实训场地

实训室,要求利用实物设备进行组网。

4.4 实训内容

➤ 根据项目任务写出项目报告。报告应包括需求分析、系统设计、设备选型和项目实施四大部分。需要详细描述项目需求情况,其中系统设计包括拓扑结构、IP 地址规划、路由规划、VLAN 规划等项目规划,项目设计必须考虑系统的安全设计、管理设计等关键设计;设备选型要求选出设备的型号、配置、模块、数量等组件。

> ▷ 写出调试及配置代码。
> ▷ 利用图、表等方式描绘出实训结果。
> ▷ 将实训评估用单独的一页纸加入到项目报告中。

4.5 项目任务

4.5.1 项目背景

某大学现有教职员工 1000 人,学生约 1.3 万人,共设计信息点 2 万个,原有约 8000 个点已接入网络,计划新接入网络的信息点约 12000 个。为适应信息化发展的需要,对现有网络进行改造,原有网络设备需应用到新网络中。本次网络改造要求将校园网的所有机构全部连接,并为下一步的校园一卡通服务做准备。各楼已接入网络的信息点分布如表 6 所示,已经存在的设备如表 7 所示。

表 6　建筑物信息点分布情况

建筑地点	信息点数	建筑地点	信息点数	建筑地点	信息点数
办公大楼	256	第 1 教学楼	145	家属楼 1～5 幢	各 36
图书馆	475	第 2 教学楼	156	家属楼 6～14 幢	各 24
研究生院	321	第 3 教学楼	226	家属楼 15～25 幢	各 36
成教学院	112	第 4 教学楼	178	研究生宿舍楼	312
体育馆	24	第 5 教学楼	121	学生宿舍 1 幢	144
学生食堂	447	第 1 实验楼	641	学生宿舍 3 幢	72
计算机学院	636	第 2 实验楼	535	学生宿舍 5 幢	72
数学楼	62	第 3 实验楼	898	学生宿舍 6—22 幢	各 256

表 7　原有设备情况

设备名	设备配置	数量	状态	备注
Cisco 3750	三层交换/	1 台	正常	
Cisco 3550	三层交换/48 口 10/100 Mbps 自适应端口/2 个标准 GBIC 扩展槽,支持 1000 Mbps	3 台	正常	
Cisco 2950	二层交换/24 口 10/100 Mbps 自适应端口/2 个标准 GBIC 扩展槽,支持 1000 Mbps	8 台	正常	

续表

设备名	设备配置	数量	状态	备注
Cisco 3640	模块化路由器/1 个 4T 模块,支持 4 个 S 端口/3 块快速以太网模块,每块 1 个快速以太网端口/支持策略路由、GRE-VPN	1 台	正常	
Tp-Link 1024	24 口 10/100 Mbps 自适应端口	21 台	正常	
TOPSEC 3000	100 Mbps 防火墙/3 个 100 Mbps 快速以太网端口	1 台	正常	
IDS	入侵监测系统	1 套	正常	
IBM 236	塔式服务器/双 CPU/2G 内存/2×73 G 硬盘/支持 RAID0、1、54 台		正常	
UPS	6KVA	1 套	正常	
其他	双绞线、光纤等	1 批	正常	

说明:学校网络中心机房设计在办公大楼 12 楼,其他建筑到网络中心距离在 1000～5000 m。

4.5.2　项目要求

(1) 为了节约开支,原有的网络设备将应用到新网络中,整个网络按最新技术重新设计。校园网分三块进行,分别是办公区、学生区、家属区,在核心层建立双核心的可靠性网络,核心交换互相备份,三个区域的汇聚交换与核心交换间采用双链路连接。为了充分发挥设备性能,两台核心交换能进行负载均衡。为了满足发展需要,建立 10 G 核心骨干网络,并为 IPV6 的升级作好准备。网络要求具有良好的可管理性、可运行性和高安全性,可满足新业务的发展和新技术的应用。

(2) 为了满足访问的需求,计划将引入电信的带宽增加到 1000 Mbps,IP 地址为218.76.204.1/26;新引入教育网带宽 100 Mbps,IP 地址为 58.47.48.1/24,两个 ISP 根据不同用户的需要接入互联网。为了提高互联网访问速度,要求正常情况下根据用户访问的不同目标地址需求选择不同的 ISP 出口访问互联网。

(3) 教育网主要是为招生所用,连接到省级教育网节点,采用 VPN 模式连接,选用GRE 协议拨入建立连接。

(4) 为了满足学校对外宣传,计划建立校园网站,要求对外应具有良好的可靠性、可扩展性,可根据访问量灵活扩展网站性能,以满足大用户量的需要(只需设计,不要求配置)。

(5) 为了达到以网养网的需求,要求学生网采用基于 IEEE 802.1x 客户端的拨号收费制,并采用 MAC＋IP＋端口管理方式进行管理,要求支持 IEEE 802.1x、PPPOE、Hotspot 等多种计费方式。

(6) 为了提高网络的安全性,应充分利用路由器、交换机本身的安全功能,在所有网络中需实现对 ARP 攻击、部分 DOS 攻击、部分病毒传播进行控制(设计时需考虑安全性,可采用专用的安全设备并接入网络,也可采用 ACL 等安全控制手段,如利用 ACL 时,需要在配置命令中体现）。

（7）在出口设计中，任意时间都要保证服务器区带宽优先；工作时间段，要求优先保证办公网的各类应用。

（8）要求记录用户上网日志，以保证社会稳定和校园安全。

（9）网络规模较大，应采用 DHCP 对 IP 地址进行自动分配。设计时需考虑 DHCP 的安全和性能，防止出现私设 DHCP 服务、虚假 IP 地址欺骗等恶意攻击现象。

（10）各电脑除在指定场所使用外，不允许未经同意在其他地方接入网络。

（11）因公网地址不足，需采用 NAT 技术对内网地址进行转换。

（12）学生区网络与其他两区网络不能进行互访。

（13）在办公网络中，财务部门可访问其他部门的网络，但禁止其他部门主动连接财务部门的网络（财务部门无基于 TCP 以外的应用），其他各部门的办公地点应分布于不同建筑物内。

（14）为了方便管理，要求网内选用 RIP 路由协议。

（15）对于服务器的设计，只要求写出应用，不要求配置。

4.6 实训评估

（1）评估原则（见表8）。

表 8 评估原则

评估项目		自评分	组长评分	老师评分	备注
素质考评 （10 分）	劳动纪律（5 分）				
	协同意识（5 分）				
项目报告 （30 分）	要点分明（5 分）				
	重点突出（10 分）				
	设计合理（15 分）				
实际操作 （60 分）	前期准备（10 分）				
	采用方法（10 分）				
	实现过程（20 分）				
	完成情况（10 分）				
	其 它（10 分）				
合 计					
综合评分					

（2）根据自己项目的完成情况，对自己的工作进行自我评估并提出改进意见。

（3）指导老师评价及成绩。

实训 5

行业城域网的组建

5.1 实训目的

➤ 通过本实训项目,要求把所学的生成树协议、VLAN、OSPF、三层交换技术、路由器等知识点综合应用。

➤ 提高学生组建行业城域网的能力。

5.2 实训学时

每组 20 学时,学生人数由指导老师根据学生对知识的掌握程度进行限定,每组不得超过 8 人。

5.3 实训场地

实训室,要求利用实物设备进行组网。

5.4 实训内容

➤ 根据项目任务写出项目报告。报告应包括需求分析、系统设计、设备选型和项目实施四大部分。需要详细描述项目需求情况,其中系统设计包括拓扑结构、IP 地址规划、路由规划、VLAN 规划等项目规划,项目设计必须考虑系统的安全设计、管理设计等关键设计;设备选型要求选出设备的型号、配置、模块、数量等组件。

> ➢　写出调试及配置代码。
> ➢　利用图、表等方式描绘出实训结果。
> ➢　将实训评估用单独的一页纸加入到项目报告中。

5.5　项目任务

5.5.1　项目背景

　　某市已纳入省级教育示范市,该市共有 10 县 2 区,约有初、高中及城镇小学 1050 所,教育管理工作单位 300 余个,共有学生 70 余万人,教职员工超过 5 万人。为适应社会及教育信息化等方面对网络的要求,拟建立教育城域网。本次网络改造要求将教育行业的所有机构全部连接(主要设计市中心机房连接到县级中心机,包括县级中心机房的网络部分,12 个县区只需设计 1 个作为样板,校园网只需设计接入部分,内网部分不需设计)。其中两区学校及机构数量约为县机构数量的 2 倍,10 个县的学校及机构数量几乎相等。

　　说明:所有的连接线路均为以太网线路,对于超长线路,在设计时均考虑为线路允许在介质传输范围内。

5.5.2　项目要求

　　(1) 为了实现整个教育系统、学校网络的互联互通,城域网要在市电教馆、各个区县电教馆设置网络中心,便于各个学校、教育局、电教馆接入。市中心机房建立双核心的可靠性网络,核心交换互相备份,区县汇聚交换与核心交换间采用双链路连接,建立 10 G 核心骨干网络,路由协议选用 OSPF 动态路由协议。网络要求具有良好的可管理性、可运行性、安全性能高,可满足新业务的发展和新技术的应用。

　　(2) 在市中心机房引入电信(161.185.16.1/20)、网通(74.218.64.1/20)双 ISP 运营商,利用双出口访问互联网。为了提高互联网访问速度和充分利用出口带宽资源,要求正常情况下根据用户的访问目的地址不同而使用不同的 ISP 出口访问互联网,但两个出口任意一个出现故障时,不能间断所有用户对互联网的访问。

　　(3) 城域网采用高层交换方式进行组网,出口采用专业路由器与 ISP 运营商连接。

　　(4) 为保证网络的可靠性,在 12 个县区中选 4 个县区采用链路保护技术配置逻辑环形网,如某县区机房出现故障时,仍可保证网络的正常运行。

　　(5) 为满足不同学校对带宽接入的要求,县级机房能提供 1 Mbps～1 Gbps 各种不同规格的带宽。

　　(6) 为了提高网络的安全性,应充分考虑利用路由器、交换机的安全功能实现对 ARP

攻击、部分 DOS 攻击、部分病毒传播进行控制（设计时需考虑安全性，可采用专用的安全设备并接入网络，也可采用 ACL 等安全控制手段，如利用 ACL 时，需要在配置命令中体现）。

（7）为了降低成本，所有服务资源放置于市网络中心机房资源中心，由市教育局信息中心统一维护和管理，需设计专业的服务区域。

（8）要求老师、学生在家里，老师、领导等工作人员在外面出差也能访问城域网的办公应用系统、教学资源库，并且针对访问者、使用者的身份进行认证并授权，为特定用户分配特定的访问资源（此为服务权限设计部分，在方案中只需体现）。

（9）为了满足企业对外宣传，计划以学校为单位建立各学校网站，网站对外应具有良好的可靠性、可扩展性，可根据访问量灵活扩展网站性能，以满足大用户量的访问需要（只需在设计方案中指出采用的技术，不要求作详细说明及配置）。

（10）城域网要求能够承载多种不同服务要求的业务，实现"一线接入、业务随选"的业务能力，要求此网能支持语音、数据、视频等业务的传输（只需在设备选型时考虑此功能，方案等其他地方不需写出）。

5.6 实训评估

（1）评估原则（见表 9）。

表 9 评估原则

评估项目		自评分	组长评分	老师评分	备注
素质考评（10 分）	劳动纪律（5 分）				
	协同意识（5 分）				
项目报告（30 分）	要点分明（5 分）				
	重点突出（10 分）				
	设计合理（15 分）				
实际操作（60 分）	前期准备（10 分）				
	采用方法（10 分）				
	实现过程（20 分）				
	完成情况（10 分）				
	其 它（10 分）				
合 计					
综合评分					

（2）根据自己项目的完成情况，对自己的工作进行自我评估并提出改进意见。

（3）指导老师评价及成绩。

附录　工具的使用

■　**附录概述**

　　本附录共介绍三种模拟工具的使用，为无实物设备实验环境的学习者提供方便。其中 Boson NetSim 和 Packet Tracer 为 Cisco 公司提供的模拟工具，为 Cisco 考试学员提供实验平台，在此我们用于组网技术教学。重点介绍各种模拟器的基本情况和使用环境，并对其功能进行简单概述。通过本篇的学习，学生将学会灵活使用模拟器进行实验仿真。

■　**内容**
- ✓　Boson NetSim
- ✓　Dynamips
- ✓　Packet Tracer

附录 A Boson NetSim

A.1 Boson NetSim 简介

Boson NetSim 是 Boson 公司推出的一款 Cisco 路由器、交换机模拟程序。它的出现，为那些没有实验设备和实验环境的初学者提供了有力的实习工具。在许可实验人员自行设计实验的同时，该软件还提供了 CCNA、CCNP 考试中的一些标准实验，对学习者学习 Cisco 路由器、交换机有很大的帮助。

Boson NetSim 有不同的系列和版本。这里，我们以较新的 Boson NetSim for CCNP V8（它同样适合 CCNA 级别的实验）为例，从入门开始讲解，一步一步地帮助大家彻底掌握其所有功能。

Boson NetSim 有两个组成部分：实验拓扑图设计软件（Boson Network Designer）和实验环境模拟器（Boson NetSim）。安装结束以后，在桌面上会产生两个图标：Boson Network Designer 和 Boson NetSim。其中 Boson Network Designer 用来绘制实验拓扑图，Boson NetSim 用来进行设备配置练习。

A.2 Boson NetSim 的安装

Boson NetSim 8.0 对系统的配置要求并不高，目前的 PC 都能满足它的运行要求，值得注意的是，它并不支持 Windows NT 操作系统。

A.3 Boson Network Designer

Boson Network Designer 用来绘制实验所用到的网络拓扑。用户可以选择实验设计中所用到的设备进行连接，虽然 Boson NetSim 提供了一些已定制好的网络拓扑环境，但是用户为了实验方便还是需要建立自己的网络拓扑环境。

如图 A-1 所示，主界面可以分为 4 个部分，菜单栏（左上）、设备列表栏（左中）、设备信息栏（左下）、绘图区（右边）。

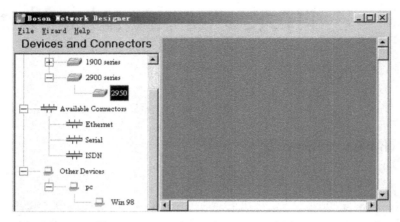

图 A-1　Boson Network Designer 主界面

A. 3. 1　菜单栏

1. 文件菜单（File）

文件菜单是对拓扑文件的基本操作，包括以下菜单：

➢　新建（New）：重新绘制一个拓扑图（若当前有拓扑图打开，系统会提示是否保存当前拓扑图）。

➢　打开（Open）：打开一个已存盘的拓扑文件。

➢　保存（Save）：将当前的拓扑文件存盘（文件扩展名为". top"）。

➢　另存为（Save As）：将当前拓扑另存到其他位置。

➢　加载拓扑图到实验模拟器（Load NetMap Into Simulator）：将拓扑图装入实验模拟器准备实验，前提条件是 Boson NetSim 程序已经打开。

➢　打印（Print）：打印当前拓扑图。

➢　最近编辑过的拓扑图：列出最近编辑过的 5 个拓扑图文件。

➢　退出（Exit）：退出网络拓扑图设计软件 Boson Network Designer。

2. 向导菜单（Wizard）

向导菜单用于向导方式添加和连接设备，包括以下菜单：

➢　设备连接向导（Make Connection Wizard）：以向导的形式对图中的设备进行互联。

➢　添加设备向导（Add Device Wizard）：以向导的形式向图中添加一个新的设备。

3. 帮助菜单（Help）

提供与本软件有关的信息、文档等资料，包括以下菜单：

➢　帮助主题（Help Topics）：打开帮助文档，以 HTML 形式显示电子书，使用者可按目录来浏览和关键词来搜索帮助信息。

> 图例(Legend)：显示布线颜色图例,如蓝色(快速以太网总线)、红色(ISDN 拨号线路)、黑色(串行线路)、白色(帧中继线路),如图 A-2 所示。

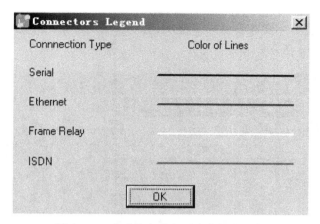

图 A-2　4 种连接方式相对应的颜色图例

> 用户手册(User Manual)：打开并显示 NetSim_Docs.pdf 用户手册(当前 PC 必须已装 PDF 浏览器)。

> 关于(About)：显示 Boson Network Designer 版本信息。

A.3.2　设备列表栏

设备列表中提供了一系列设备供绘制拓扑图。

(1) 路由器：包括 Cisco 800 系列、1000 系列、1600 系列、1700 系列、2500 系列、2600 系列、3600 系列、4500 系列。

(2) 交换机：包括 Cisco 1900 系列、2900 系列、3500 系列。

(3) 连接方式：包括 Ethernet、Serial、ISDN。

(4) 其他设备：Windows 98 系统的 PC 机。

在模拟过程中,需说明的是,每个系列的路由器都有多种型号供选择。一般同系列的路由器操作命令和功能基本都是相同的,主要区别在于接口类型和数量,以及模块化插槽数量的不同,只要能满足实验要求,同系列中任何一个型号均可。

A.3.3　设备信息栏

当我们在设备列表区选定了一个具体的设备型号以后,在设备信息栏会列出所选设备的参数,包括接口的类型和最大支持数量,这些信息对于我们衡量一个设备是否满足实验要求是非常必要的。有些设备会有

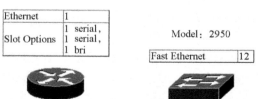

图 A-3　路由器和交换机的接口信息

可选的接口,使用者将设备添加到绘图区前确定是否能用到这样的接口(见图 A-3)。

A.3.4 绘图区

绘图区用于放置各种实验设备的平台,系统可按照设备加入的先后顺序自动命名,也可自行命名(如图 A-4 所示)。

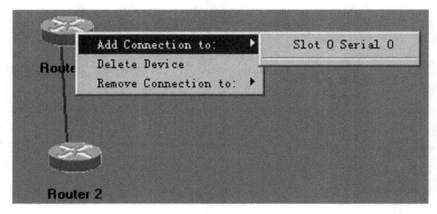

图 A-4 绘图区

A.4 Boson NetSim 的使用

Boson NetSim 用来模拟由各种路由器、交换机搭建起来的实验环境。在这里,用户可以配置路由器、交换机设备,观察实验结果,对运行的协议进行诊断等。

Boson NetSim 的程序窗口分为三个部分,分别是菜单栏、工具栏和设备配置窗口(如图 A-5 所示)。

图 A-5 Boson NetSim 的程序窗口

A.4.1 菜单栏

在网络维护和故障排除的过程中,首先根据已有的网络现象进行故障分析判断,但是如果掌握的故障信息不够或者是网络需要进行一定的监控优化时,我们经常采用的一种手段就是监控数据包,也就是我们常所说的镜像。镜像分为两种,一种是端口镜像,另一种是流镜像。

1. 文件菜单

文件菜单主要提供新建拓扑图、载入设备配置、保存设备配置、打印、退出等功能,包括以下菜单项:

➤ 新建拓扑(New NetMap):调用拓扑图绘制软件重新绘制一个新的拓扑。

➤ 装入拓扑图(Load NetMap):装入一个已有的拓扑文件。

➤ 粘贴配置(Paste Real Route Config):粘贴一个来自真实设备的配置文件到模拟器中运行。

➤ 装入单设备配置文件(合并方式)(Load Singel Device Config(merge)):以合并方式将以前保存的单个设备配置文件装入到当前实验环境中进行。

➤ 装入单设备配置文件(覆盖方式)(Load Singel Device Configs(overwrite)):以覆盖方式将以前保存的单个设备配置文件装入到当前实验环境中运行。

➤ 装入多设备配置文件(Load Multi Device Configs):将以前保存的多个设备的配置文件装入到当前实验环境中。

➤ 保存单设备配置文件(Save Single Device Config):将当前设备的配置保存到文件中,扩展名可为".rtr"、记事本、写字板等文本编辑工具文件格式。

➤ 保存多设备配置文件(Save Multi Device Configs):将拓扑内所有设备的配置存盘。

➤ 打印(Print):打印当前拓扑图。

➤ 退出(Exit):退出模拟器软件 Boson NetSim。

2. 模式菜单

用于选择软件提供的不同配置模式,也可单击高级模式来远程控制虚拟设备。包括以下菜单:

➤ 初学者模式(Beginner Mode):使用控制台界面进行设备配置。

➤ 高级模式(Advanced Mode):使用 Telnet 方式进行设备配置。

➤ 远程控制工具栏(Toolbars-Remote Control):打开或关闭高级模式选项工具栏。

3. 设备菜单

主要用于选择所要配置的设备,切换到选中设备的配置界面,包括以下菜单:

➤ 路由器(ERouter):选择要配置的路由器设备号,进入配置界面。

➤ 交换机(ESwitch):选择要配置的交换机设备号,进入配置界面。

➤ 工作站(EStations):选择要配置的工作站设备号,进入配置界面。

4. 工具菜单

主要提供本软件的更新,同时能够显示出各种设备不同模式的可用命令,包括以下菜单:

➤ 检查更新(Check For Updates):检查软件的最新版本及更新。

➤ 进入更新页面(Update Web Page):进入官方网站的版本更新页面。

➤ 可用命令(Available Commands):打开设备可用命令的对话框,如图 A-6 所示,在最左边的设备栏中选择所要查询的设备,然后点击获取命令,就可以看到此设备所支持的命令列表。

➤ 改变默认的 Telnet 程序(Change Default Telnet):改变默认的 Telnet 客户端程序。

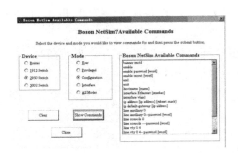

图 A-6 可用命令对话框

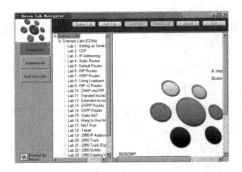

图 A-7 实验导航窗口

5. 订购菜单

用于软件的订购和注册。

6. 窗口菜单

主要用于调用基本的工具,设置子配置窗口在主配置窗口中的排列方式,包括以下菜单项:

➢ 实验导航(Lab Navigator):如图 A-7 所示,Boson Lab 自带有很多标准实验的拓扑图及其部分正确的配置文件和帮助信息。

➢ 远程控制(Remote Control):打开远程控制工具栏。

➢ 层叠(Cascade):将主配置窗口中的子配置窗口层叠排列。

➢ 水平排列(Tile Horizontal):将主配置窗口中的子配置窗口水平最大化排列。

➢ 垂直排列(Tile Vertical):将主配置窗口中的子配置窗口垂直最大化排列。

7. 帮助菜单

用于显示软件的相关帮助信息,部分内容已介绍,在此仅作简要介绍。

关于(About):显示软件的版本、版权、作者等信息。

技术支持(Tech Support):显示软件提供的技术支持页面。

产品主页(Product Home Page):用默认浏览器打开官方网站的产品简介。

Telnet 安装向导(Telnet Setup Wizard):用向导方式安装 Telnet 工具。

A.4.2 工具栏

工具栏有 6 个按钮,其中 eRouter、eSwitch 和 eStations 三个按钮用来选择要配置的设备(路由器、交换机和工作站),然后进入相应的配置界面。"NetMap"按钮的功能是显示当前实验所用的拓扑图。"Lab Navigator"和"Remote Control"按钮的功能与前面介绍的菜单项功能一致(见图 A-8)。

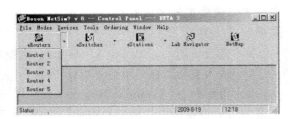

图 A-8 工具栏

A. 4. 3 设备配置窗口

设备配置窗口是用户输入设备配置命令和设备信息输出的地方,一般主窗口内有一个或多个子窗口。实验中每个设备都有相对应的子窗口,用户要配置某个设备,只要进入该设备的子窗口进行配置即可。

附录 B　Dynamips

B.1　Dynamips 简介

Dynamips 是法国人 Chris 开发用于模拟 Cisco 路由器的一个模拟工具,可以运行在 Windows XP/Windows 2000/Windows 2003/Linux 等系统上。可以模拟 Cisco 2600 系列路由器、3600 系列路由器、3725/3745 和 Cisco 7206 路由器硬件平台,而且可以装载 Cisco 公司官方的 IOS 软件(. bin 格式文件)。Dynamips 可以与物理机或虚拟机相连接,这点是 Boson 无法做到的。Dynamips 和 Boson 的区别在于,Boson 仅是模拟 Cisco 的命令,而 Dynamips 是模拟 Cisco 的硬件来装载真实的 IOS。所支持的设备及模块类型参考如表 B-1 所示。

表 B-1　Dynamips 所支持的路由器模块清单

路由器型号	支持的模块类型	模块说明	备注
2610/2611/ 2620/2621/ 2610XM/ 2620XM/ 2650XM	NM—16ESW	16 个 Fastethernet 接口	
	M—1E	1 个 Ethernet 接口	
	NM—1FE—TX	1 个 Fastethernet 接口	
	NM—4E	4 个 Ethernet 接口	
	CISCO2600—MB—2E	2 个 Ethernet 接口	
	CISCO2600—MB—2FE	2 个 Fastethernet 接口	
2691/ 3725/3745	GT96100—FE	2 个 Fastethernet 接口	只限制在 slot 0
	NM—16ESW	16 个 Fastethernet 接口	交换模块,模拟交换机使用
	NM—1FE—TX	1 个 Fastethernet 接口	
	NM—4T	4 个 serial 接口	

路由器型号	支持的模块类型	模块说明	备注
3620/ 3640/3660	NM—16ESW	16 个 Fastethernet 接口	交换模块,模拟交换机使用
	NM—1E	1 个 Ethernet 接口	
	NM—1FE—TX	1 个 Fastethernet 接口	
	NM—4E	4 个 Ethernet 接口	
	NM—4T	4 个 serial 接口	
	Leopard—2FE	2 个 Fastethernet 接口	3660 专用,且只能插在 slot 0。3620 能使用 2 个 slot、3640 能使用 4 个 slot,除 Leopard-2FE 模块做了限制,其他模块均未做限制插入的槽位
7200	C7200—IO—FE	1 个 Fastethernet 接口	只能插 0 槽位
	C7200—IO—2FE	2 个 Fastethernet 接口	只能插 0 槽位
	C7200—IO—GE—E	2 个端口:Ethernet0/0 和 GigabitEthernet0/0	只能插 0 槽位
	PA—2FE—TX	2 个 Fastethernet 接口	1~5 槽位使用
	PA—4E	4 个 Ethernet 接口	1~5 槽位使用
	PA—4T+	4 个 serial 接口	1~5 槽位使用
	PA—8E	8 个 Ethernet 接口	1~5 槽位使用
	PA—8T	8 个 serial 接口	1~5 槽位使用
	PA—A1	1 个 ATM port adapter 接口	1~5 槽位使用
	PA—GE	1 个 GigabitEthernet 接口	1~5 槽位使用
	PA—POS—OC3	1 个 Packet Over SONET/SDH 接口	1~5 槽位使用

B. 2　Dynamips 的安装

　　Dynamips 的工作依赖于 WinPcap,在安装 Dynamips 之前需安装最新版的 WinPcap,可去 WinPcap 官方网站下载(http://www.winpcap.org/install/default.htm)最新版。Dynamips 也可以去官方网站(http://sourceforge.net/projects/dyna—gen/files/)下载该软件的最新的版本安装使用。Dynamips 对 PC 的要求不高,目前的 PC 均能满足运行要求,但是如果要模拟多台设备时,需加大 PC 的内存。

B.3　Dynamips 的工作界面

Dynamips 的工作界面主要有三个,分别是设备选型、模块配置和连接设置。

B.3.1　设备选型界面

如图 B-1 所示,我们将设备选型界面划分为 8 个部分来讲解。

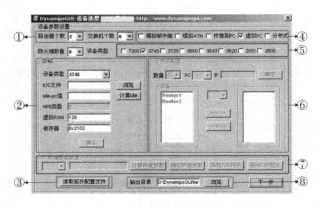

图 B-1　DynamipsGUI 设备选型工作界面

(1)用于选择设备,在您所规划的网络中路由器总共有几台,交换机有几台,当然还可以选择防火墙。

(2)该部分是选择设备类型、IOS 路径、idle-pc 值、NPE 类型、虚拟 RAM(虚拟设备 RAM 所占内存大小,因为 Dynamips 在模拟时需要将主机的物理内存模拟成模拟设备 RAM)。其中 idle-pc 值是可选择的,下面阐述一下该值的含义。

➤　idle-pc 只为了解决在开启模拟设备时不至于 PC 机的 CPU 占有率达到 100%

➤　设备启动之后,在设备的用户模式下(Router>)下先按组合键 ctrl+],接着在单独按 i 键后,计算得出。

(3)可以直接读取真实设备里的 NVRAM 里的配置文件(.ini 格式)。

(4)这里可以选择一些不需要外部 IOS 支持的模拟设备,如 FrameRelay 交换、ATM 交换机、以太网交换机(现在已经有支持交换的模块 NM-16ESW),由模拟器自己提这些功能。

(5)作用是选择路由器的型号,可以多选,所列出的设备为 Dynamips 目前支持的类型,其他的都不支持。例如在您的网络规划中有 7200、3600、2600 等路由器,那么您仅需要根据实际情况选择相应的设备即可。

(6)此区域是配置分布式 Dynamips 的设置区域。

(7)设置与物理主机、虚拟机建立连接进行通信。

（8）设置配置文件存放的目录。

B.3.2 模块设置界面

上面学习了设备选型，其中最为重要的是 idle-pc 参数计算。下面我们将进一步学习 DynamipsGUI 对设备模块的配置（见图B-2）。

（1）对前一步所选择的设备按路由器、交换机、防火墙的数量进行列表。

（2）配置所选设备的名称、设备类型及 Console 的端口号。

（3）配置所选设备的插槽及所选插槽所加入的模块。

（4）每一台设备配置完后，点"确定配置"后，会在此窗口中显示当前设备的配置信息，方便验证。

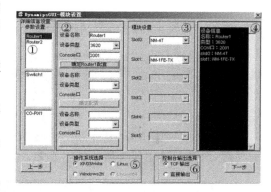

图 B-2 DynamipsGUI 模块配置工作界面

（5）选择 PC 当前的操作系统，如 Microsoft 的 Windows XP 系统。

（6）控制台输出。如果是直接输出，就可直接在窗口下进入 CLI 界面进行设备配置；如果选择 TCP 输出则需要用 Telnet 连接；推荐使用 SecureCRT 等虚拟终端进行连接，此时 Dynamips 软件将 PC 的物理网卡的 127.0.0.1 地址的不同端口映射到不同的路由器，采用 Telnet 进行登录。

B.3.3 连接设置界面

连接设置界面是配置自建拓扑的最后一步，相当于我们物理设备间线路连接。以下分 6 块来讲解连接设置（见图 B-3）。

（1）列出当前拓扑中所有的设备。

（2）列出所选设备中所有的接口。

（3）显示正确的设备连接情况，并保存在输出文件夹中，以.ini 为后缀的文本文件。

（4）对设备的"连接"和"取消连接"操作进行记录。

（5）保存当前所使用的拓扑，以.ini 为后缀的文本文件。

图 B-3 DynamipsGUI 连接设置界面

（6）生成批处理文件，方便启动拓扑中的设备。

B. 4 Dynamips 与 PC 或虚拟机桥接

如图 B-4 所示，与 PC 桥接选项框。

PC桥接参数配置
NIC-0
\Device\NPF_{A58709A3-
计算桥接参数
确定桥接参数
添加TAP网卡
删除TAP网卡

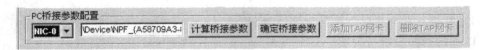

图 B-4 PC 桥接配置

第一个选项框中有 10 张网卡待选，选择网卡后，点“计算桥接参数”出现如图 B-5 所示界面，选择设计中所需要的网卡参数。

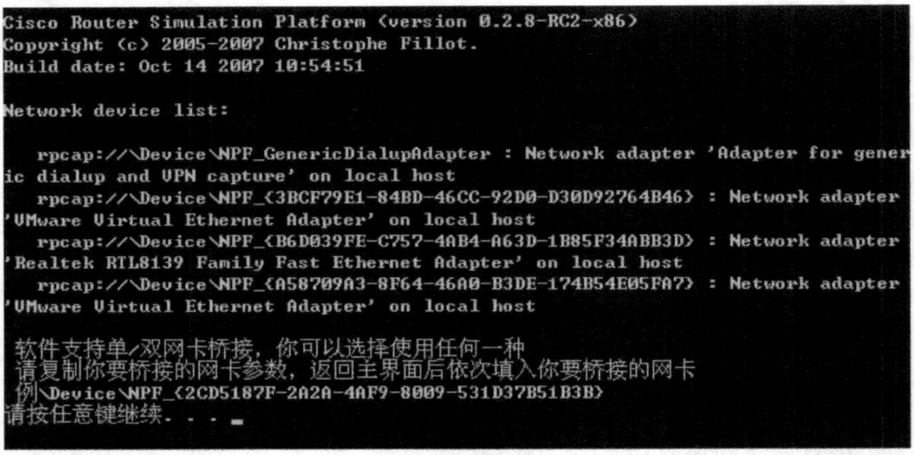

Cisco Router Simulation Platform (version 0.2.8-RC2-x86)
Copyright (c) 2005-2007 Christophe Fillot.
Build date: Oct 14 2007 10:54:51
Network device list:
rpcap://\Device\NPF_GenericDialupAdapter : Network adapter 'Adapter for generic dialup and VPN capture' on local host
rpcap://\Device\NPF_{3BCF79E1-84BD-46CC-92D0-D30D92764B46} : Network adapter 'VMware Virtual Ethernet Adapter' on local host
rpcap://\Device\NPF_{B6D039FE-C757-4AB4-A63D-1B85F34ABB3D} : Network adapter 'Realtek RTL8139 Family Fast Ethernet Adapter' on local host
rpcap://\Device\NPF_{A58709A3-8F64-46A0-B3DE-174B54E05FA7} : Network adapter 'VMware Virtual Ethernet Adapter' on local host
软件支持单/双网卡桥接，你可以选择使用任何一种
请复制你要桥接的网卡参数，返回主界面后依次填入你要桥接的网卡
例\Device\NPF_{2CD5187F-2A2A-4AF9-8009-531D37B51B3B}
请按任意键继续. . .

图 B-5 PC 桥接参数计算

在此，我们选择\Device\NPF_{A58709A3－8F64－46A0－B3DE－174B54E05FA7}填入参数值文本框中。如果是桥接虚拟机，需注意所选择的适配器类型。

附录 C Packet Tracer

C. 1 Packet Tracer 简介

Packet Tracer 是 Cisio 公司专门针对认证考试发布的一个辅助学习工具,为网络初学者进行设计、配置、故障排除提供了网络模拟环境。用户可以在软件的图形用户界面上直接使用拖曳方法建立网络拓扑,并可提供数据包在网络中行进的详细处理过程,观察网络实时运行情况。其功能比 Cisio 之前发布的模拟平台 Boson 强大,比 Dynamips 操作更加简单、直观、容易上手,非常适合于网络初学者。可以运行在 Windows 和 Linux 平台中,目前最新的版本是 Packet Tracer 6. 1。

C. 2 Packet Tracer 的安装

Packet Tracer 对系统的配置要求并不高,目前的 PC 都能满足它的运行要求。可通过 Cisio 官网下载 Packet Tracer 最新版本,安装过程中不需做特殊的配置,直接"下一步"可完成平台安装。

对平台的最低要求如下:

CPU:Intel Pentium Ⅲ 500 MHz or equivalent

OS:Microsoft Windows 2000,Microsoft Windows XP,Microsoft Windows Vista,Fedora 7,Ubuntu 7. 10

RAM:256 MB

Storage:250 MB of free disk space

Screen resolution:800×600

Macromedia Flash Player 6. 0 or higher

Language fonts supporting Unicode encoding (if viewing in languages other than English)

Latest video card drivers and operating system updates

C. 3　工作界面及说明

Packet Tracer 平台的工作界面主要有主界面和设备选型，如图 C-1 所示。

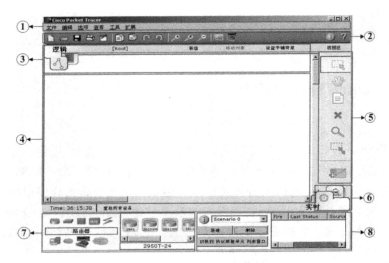

图 C-1　Packet Tracer 工作界面

C. 3. 1　平台工作界面

（1）菜单栏。包括文件、选项和帮助按钮，我们在此可以找到一些基本的命令，如打开、保存、打印、选项设置和访问活动向导。

（2）主工具栏。提供了文件按钮中命令的快捷方式，还可以点击右边的网络信息按钮，为当前网络添加说明信息。

（3）逻辑/物理工作区转换栏。通过此栏中的按钮完成逻辑工作区和物理工作区之间转换。

（4）工作区。是学习者设计工作区，在此我们可以创建网络拓扑，监视模拟过程，查看各种信息和统计数据。

（5）常用工具栏。提供常用的工作区工具，包括选择、整体移动、备注、删除、查看、添加简单数据包和添加复杂数据包等。

（6）实时/模拟转换栏。通过此栏中的按钮完成实时模式和模拟模式之间转换。

（7）网络设备库。库中包括设备类型库和特定设备库。

▶　设备类型库。包含不同类型的设备如路由器、交换机、HUB、无线设备、连线、终端设备和网络云等。

▶　特定设备库。包含不同设备类型中不同型号的设备，它随着设备类型库的选择级联显示。

（8）用户数据包窗口。此窗口管理用户添加的数据包。

在正常实验中,学习者用得最多的是常用工具栏、网络设备库和设备工作区。

C.3.2　线型介绍

对于多数初学者来说,设备型号是容易了解的,但在模拟器中各种设备之间的连线与实物设备有较大的差异,需详细了解,下面对 Packet Tracer 中的线型进行介绍(见图 C-2)。

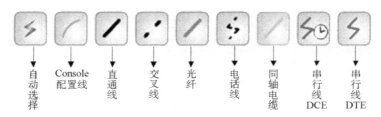

| 自动选择 | Console配置线 | 直通线 | 交叉线 | 光纤 | 电话线 | 同轴电缆 | 串行线DCE | 串行线DTE |

图 C-2　连接线类型

C.4　设备配置

下面以拖放一个设备 Router0 到工作区为代表讲解设备的配置过程。

双击路由器 Router0 即可出现如图 C-3 所示设备对话框,Physical 选项卡用于添加端口模块,设备全部物理接口如图①所示,模块列表如图②所示,各模块的详细信息如图③所示,大家可以参考帮助文件了解模块信息。

在模拟器中,配置设备的信息有两种方式,一种是在图 C-3 中的配置选项卡中配置,另一种是在图 C-3 的命令行(CLI)模式下进行配置。

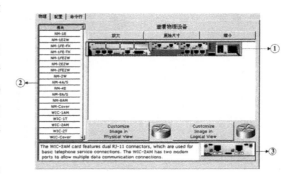

图 C-3　路由器物理接口

一些简单的配置可在“配置”选项卡中完成,如路由器名、路由信息、各央口的 IP 地址。若想模拟真实的设备环境,建议在“命令行”模式下进行配置,并且此模式下能配置各类较复杂的命令。

本书图标约定

说明：本约定是根据 Cisco 官方网站 2009 年所公布的 ICONS 图库选用。

样图	说明	样图	说明	样图	说明
	个人电脑		终端		工作站
	远端二层交换机		二层交换机/工作组交换机		三层交换机
	路由器		多层/核心交换机		FTP 服务器
	普通服务器		打印服务器		

参考文献

[1] 谢希仁. 计算机网络(第六版). 北京：电子工业出版社,2013.

[2] 雷震甲. 网络工程师教程. 北京：清华大学出版社,2004.

[3] Stewart B D, Gough C. CCNP NSCI 认证考试指南. 邓郑祥译. 北京：人民邮电出版社,2008.

[4] 钱德沛. 计算机网络实验教程. 北京：高等教育出版社,2005.

[5] Lewis W. CCNP 思科网络技术学院教程. 韦新译. 北京：人民邮电出版,2003.

[6] Comer D E. 用 TCP/IP 进行网际互联(第 4 版). 林瑶,杜蔚轩等译. 北京：电子工业出版社,2001.

[7] 程光,李代强,强士卿. 网络工程与组网技术. 北京：清华大学出版社,北京交通大学出版,2008.

[8] 蔡建新. Cisco CCNP/CCIP 网络工程师. 北京：清华大学出版社,2004.

[9] Moy J T. OSPF 协议剖析. 胡光明,皮学贤等译. 北京：中国电力出版社,2002.

[10] 魏亮. 路由器原理与应用. 北京：人民邮电出版社,2005.

[11] 村山公保. TCP/IP 计算机网络篇. 白玉林译. 北京：科学出版社,2003.

[12] Tanenbaum A S. 计算机网络. 潘爱民译. 北京：清华大学出版社,2004.

[13] 安淑梅,武志刚. 网络设备与管理. 北京：北京希望电子出版社,2004.

[14] 锐捷网络技术白皮书. 交换路由命令手册. http://www.ruijie.com.cn,2005.

[15] NetSim Product Home Page. http://www.boson.com/aboutnetsim.html.

[16] 思科命令手册. http://www.cisco.com/cisco/web/support/index.html.

[17] 张宏科. IP 路由原理与技术. 北京：清华大学出版社,2000.

参考标准

[1] RFC 1157,简单网络管理协议(SNMP).

[2] RFC 1131,OSPF.

[3] RFC 2453 RIP v2.

[4] RFC 2328 OSPF Version 2.

[5] RFC 1841 PPP Network Control Protocol for LAN Extension.

[6] RFC 1630 Universal Resouree Identifiers in WWW.

[7] RFC 1058 Routing Information Protocol.

[8] RFC 894,在以太网上传输 IP 数据包的标准.

[9] ITU-T Y. 1270 IP Network Security.

[10] IEEE 802. 3z, 1000BaseX specification.

[11] IEEE 802. 3i, 10Base-T specification.

[12] IEEE 802 1q, VLAN setup.

[13] RFC 768 UDP.

[14] RFC 791/1812, IP.

[15] RFC 792，ICMP.

[16] RFC 793，ICP.

[17] RFC 826，ARP.